水泥预分解窑生产线

培训教材

主编：陆秉权　曾志明
主审：徐秉德

中国建材工业出版社

图书在版编目（CIP）数据

水泥预分解窑生产线培训教材 / 陆秉权，曾志明主编．
北京：中国建材工业出版社，2004.9 (2010.8 重印)
ISBN 978-7-80159-680-2

Ⅰ．水… Ⅱ．①陆…②曾… Ⅲ．水泥—干法—生产工艺—技术培训—教材 Ⅳ．TQ172.6

中国版本图书馆 CIP 数据核字（2004）第 092845 号

水泥预分解窑生产线培训教材
陆秉权 曾志明 主编

出版发行：中国建材工业出版社
地 址：北京市西城区车公庄大街 6 号
邮 编：100044
经 销：全国各地新华书店
印 刷：北京鑫正大印刷有限公司
开 本：850 mm×1168 mm 1/32
印 张：7.125
字 数：180 千字
版 次：2004 年 9 月第 1 版
印 次：2010 年 8 月第 3 次
定 价：15.00 元

本社网址：www.jccbs.com.cn
本书如出现印装质量问题，由我社发行部负责调换。联系电话：（010）68345931

本书编委会

主　　编：陆秉权　曾志明

主　　审：徐秉德

编写人员：佟贵山　蒋一洲　王业华

赵九如　贾庆海

前　言

水泥生产自1824年诞生以来，180年间水泥生产技术和装备历经了多次重大的变革。20世纪60年代，水泥的悬浮预热器生产技术作为领军技术，一度曾得到了快速发展。但不久就被预分解生产技术所取代。20世纪70年代初，水泥预分解生产技术一经问世，就以极大的技术和产业优势把水泥工业推向了一个崭新的发展阶段。我国在20世纪90年代末，实现了预分解生产线技术与装备的全面突破，为今后我国的现代化水泥工业的健康高速发展奠定了基础。进入21世纪后，我国水泥工业以预分解生产技术为契机，推动了整个水泥产业的技术进步和产业调整，其规模和速度均是前所未有的。十余条日产5 000吨水泥熟料的预分解生产线相继问世，日产10 000 t水泥熟料生产线正在建设，使我国成为水泥产量世界第一的名副其实的水泥生产大国。

近年来水泥预分解生产线的高速发展，人才的培养已经是急速发展的新企业面临的一个重要课题。

本教材的原版是水泥工厂工程设计单位向生产建设单位提供的“培训教材”。内容包括水泥生产工艺、预分解生产线的基础知识、水泥工厂的物理化学检验的基础知识，同时简要讲述了自动控制系统及仪器仪表的基础知识，属于围绕水泥预分解生产的普及技术教材。希望经过修订的教材能对人才培训有所帮助。

根据近年来的技术发展，本书对原书各章节作了较大的修订和增补，增加了生料配料控制一章。为了对水泥预分解窑的操作和煤粉流量计量两个重要环节做重点介绍，这里选编了专题，作为补充和参考。

本书在编写过程中，有许多同志提供了资料，在此表示衷心感谢。

由于作者的水平有限，错误在所难免，望批评指正，以便再版时改正。

曾志明

二〇〇四年三月于北京

目　　录

第一章　硅酸盐水泥的原料及燃料

第一节　水泥原料

水泥熟料的质量主要取决于生料的率值、成分是否均齐及有害成分的含量。制备合适的生料，并适应煅烧设备的要求，必须对原料有一定的要求，否则会使配料困难，不易获得符合要求的生料，从而影响窑系统的熟料产量、质量和热耗等多项技术经济指标，甚至不能正常生产。此外，原料的矿物和结晶状态也直接影响生料的反应活性，其对烧成的影响也是不可低估的。因此，在现代干法生产中应根据具体条件，正确合理地选择原料。

硅酸盐水泥熟料的主要矿物组成是硅酸三钙（$3CaO \cdot SiO_2$，一般缩写为 C_3S）、硅酸二钙（$2CaO \cdot SiO_2$，一般缩写为 C_2S）、铝酸三钙（$3CaO \cdot Al_2O_3$，一般缩写为 C_3A）和铁铝酸四钙（$4CaO \cdot Al_2O_3 \cdot Fe_2O_3$，一般缩写为 C_4AF）。熟料中对于这些矿物的比例要求，决定了熟料中化学成分中氧化钙（CaO）、氧化硅（SiO_2）、氧化铝（Al_2O_3）和氧化铁（Fe_2O_3）的比例等。这些氧化物一般在表 1－1 所列的范围内波动。

表 1－1　水泥熟料主要的氧化物波动范围

化学成分	CaO	SiO_2	Al_2O_3	Fe_2O_3
波动范围（%）	62～68	20～24	4～7	2.5～6.0

水泥熟料中各种氧化物的比例，对水泥熟料的质量有重要的影响，制备生料时，需寻找合适的原料来满足生料对于化学成分和易烧易磨性的要求，同时从经济的角度出发，又要求进厂的原

材料价格低廉。因此在生产中通常都选用分布广泛、来源丰富、开采方便、运输条件好的原料，按一定的比例进行配合制备生料。

熟料中的 CaO 主要来自石灰质原料，SiO_2、Al_2O_3 和 Fe_2O_3 主要来自黏土质原料。为补充某些成分不足，需引入校正原料铁矿石（或铁粉）、矾土、砂页岩等。生料一般由三种或三种以上的原料根据熟料成分的要求配制而成。

一、石灰质原料

凡是以碳酸钙为主要成分的原料都叫石灰质原料，如石灰石、白垩、泥灰岩、泥质灰岩、贝壳以及工业废渣中的赤泥、糖滤泥等。它是水泥熟料中氧化钙的主要来源，是生产水泥中使用量最多的一种原料。一般生产 1 t 熟料约用 1.2～1.4 t 石灰质原料，在生料中约占原料总量的 80%以上。

目前世界各国生产水泥的天然石灰质原料，大多是石灰石和泥灰岩。石灰石为沉积岩，化学成分以 $CaCO_3$ 为主，主要矿物是方解石，常含有白云石、硅质（如石英、燧石）及黏土质等杂质。石灰石呈致密块状，相对密度介于 2.6～2.8 之间，抗压强度 30～170 MPa。泥灰岩也属沉积岩，为石灰石和黏土的中间类型，主要由方解石和黏土质物料组成，性软，易采掘。用作生产硅酸盐水泥原料的石灰石和泥灰岩，其质量要求见表 1－2。

表 1－2　石灰质原料的质量要求

品位		CaO	MgO	R_2O	SO_3	Cl^-	燧石或石英
石灰石	一级品	＞48	＜2.5	＜1.0	＜1.0	＜0.015	＜4.0
	二级品	45～48	＜3.0	＜1.0	＜1.0	＜0.015	＜4.0
泥灰岩		35～45	＜3.0	＜1.2	＜1.0	＜0.015	＜4.0

注：1. 石灰石二级品和泥灰岩在一般情况下均需与石灰石一级品搭配使用，当以煤为燃料时，搭配后的 CaO 含量不得小于 48%。

2. SiO_2、Al_2O_3 和 Fe_2O_3 的含量应满足熟料的配料要求。

二、黏土质原料

黏土质原料是碱和碱土的铝硅酸盐。主要化学成分是 SiO_2，其次是 Al_2O_3，还有 Fe_2O_3，主要是供给熟料所需要的酸性氧化物 SiO_2、Al_2O_3 和 Fe_2O_3。一般生产 1 t 熟料约需 0.2～0.4 t 黏土质原料，在熟料中约占 11%～17%。

水泥工业中采用的天然黏土质原料种类较多，有黄土、黏土、页岩、砂岩等。黏土质原料的技术要求见表 1-3。

表 1-3　黏土质原料的技术要求

品　位	硅酸率 n	铝氧率 p	MgO（%）	R_2O（%）	SO_3（%）
一级品	2.7～3.5	1.5～3.5	＜3.0	＜4.0	＜2.0
二级品	2.0～2.7 3.5～4.0	不限	＜3.0	＜4.0	＜2.0

注：当 $n=2.0～2.7$ 时，一般需要掺用硅质校正原料。

当 $n=3.5～4.0$ 时，一般需要与一级品或 n 低的二级品黏土质原料搭配使用，或掺用铝质原料。

黏土中常常有石英砂等杂质，所以在选用黏土作原料时，除应注意黏土的硅酸率 n 和铝氧率 p 外，还要注意满足化学成分的要求，同时还要求含碱量低，含砂量少，以改善生产条件。如果黏土中含有过多的结晶较粗大的石英砂，将使生料的易磨性和易烧性趋于恶化。

近年来由于技术进步和环境保护意识的提高，更多的采用了页岩、风化砂岩、粉煤灰等工业废渣作为硅质原料，使水泥工业在一定程度上成为与环境友好的工业。

三、校正原料

在生产中只用石灰质和黏土质两种原料，往往不能满足水泥熟料对于化学成分的要求，为了弥补部分成分的不足，往往选用铁质、硅质和铝质等校正原料。

1．铁质校正原料

铁矿石或硫铁矿渣，可以用来补充生料中 Fe_2O_3 的含量。铁矿石常用的有赤铁矿、菱铁矿。它们的化学成分分别为 Fe_2O_3 和 $Fe_2(CO_3)_2$。硫铁矿渣是硫铁矿经过煅烧脱硫以后的渣子，是硫酸厂的废渣。另外，铜矿渣、铅矿渣也含有较高的氧化铁，都可作为水泥工业中的铁质校正原料。

铁质校正原料的质量要求 $Fe_2O_3>40\%$。

2．硅质校正原料

通常可采用的有硅藻土、硅藻石、蛋白石，含 SiO_2 高的黏土、硅质渣、砂岩等，但要注意，砂岩要尽可能选取有一定程度风化的，以保证易磨性和易烧性。

硅质校正原料的质量要求：$n>4.0$，SiO_2 70%～90%，$R_2O<4.0\%$。

3．铝质校正原料

含 Al_2O_3 比较多的炉渣、煤矸石、铁、铝矾土等，其质量要求一般为 $Al_2O_3>30\%$。

第二节　水泥工业用燃料

水泥工业是消耗大量燃料的工业，燃料按其物理状态不同可分为固体、液体和气体三种。目前水泥工业中，回转窑工厂燃料常采用烟煤、无烟煤、重油或渣油，很少采用煤气。立窑工厂则采用无烟煤或焦炭屑。

对于煤来讲，通常以其热质的高低分为优质煤、普通煤和低质煤三种。所以，确定采用时应对其性能、水泥熟料的质量要求、当地的供应情况等因素进行综合考虑，正确选择煤的品种。

一、固体燃料

1．煤的化学成分

水泥工业通常采用元素分析和工业分析来确定燃煤的应用。元素分析提供煤的主要元素百分数，如碳、氢、氮、硫等。这种分析方法对于精确地进行燃烧计算来说是必要的。工业分析包括对水分、挥发分、固定炭、灰分的测定。在四项总量以外还需测定硫分，作为单独的百分数提出。由此也可工业分析计算煤的热值（发热量以每千克煤能发出多少千焦的热量表示）。由于煤的灰分是水泥熟料的组分，对煤的灰分需作全面分析，SiO_2、Al_2O_3、Fe_2O_3、CaO、MgO 等均应通过化学分析得出。

2．煤成分的表示方法

（1）应用基——按煤的试样送到分析室时的状态进行分析所得出的结果。它最接近于实际应用中煤的状态，故名“应用基”，代号为“y”。

（2）分析基——煤的试样送到分析室后，按规定条件先经空气干燥后再进行分析所得的结果。空气干燥只除去外在水分，仍含有内在水分。分析基代号为“f”。

（3）干燥基——煤成分按不含任何水分的干燥煤来表示分析结果，代号为“g”。

（4）可燃基——煤的成分按不含水分和灰分来表示的分析结果，代号为“r”。

煤的各种成分的换算关系见表 1－4。

表 1－4　煤的各种成分的换算关系

已知煤的基值	要换算的基准			
	应用基	分析基	干燥基	可燃基
应用基	1	$\frac{100-W^f}{100-W^y}$	$\frac{100}{100-W^y}$	$\frac{100}{100-W^y-A^y}$

续表

已知煤的基值	要换算的基准			
	应用基	分析基	干燥基	可燃基
分析基	$\frac{100-W^y}{100-W^f}$	1	$\frac{100}{100-W^f}$	$\frac{100}{100-W^f-A^f}$
可燃基	$\frac{100-W^y-A^y}{100}$	$\frac{100-W^f-A^f}{100}$	$\frac{100-A^g}{100}$	1
干烧基	$\frac{100-W^y}{100}$	$\frac{100-W^f}{100}$	1	$\frac{100}{100-A^g}$

3. 回转窑对燃煤的质量要求

（1）热值：对燃煤的热值希望愈高愈好，可有效的提高发热能力和煅烧温度。热值较低的煤使煅烧熟料的单位热耗增加，同时使窑的单位产量降低。因此对于预分解窑一般要求煤的低位发热量大于 21 772 kJ/kg 煤（5 200 kcal/kg）。

（2）挥发分：煤的挥发分和固定炭是可燃成分。挥发分低的煤，不易着火，窑内会出现较长的黑火头，高温带比较集中。为使 NSP 窑火焰长些，煅烧均匀些，一般要求煤的挥发分在 22％～32％之间。当煤的挥发分不恰当时，应该采用配煤的方法，高挥发分和低挥发分的煤搭配使用。

（3）灰分：煤的灰分是水泥工业用煤的主要指标之一。在回转窑的燃烧中，煤的灰分过高，将导致煤的着火点后移，辐射传热效率下降，对于熟料的烧成不利。灰分是水泥熟料的组分之一。灰分过高，将由于燃煤量的波动导致熟料成分的不稳。窑头喷入的煤粉其灰分在熟料中分布是不均匀的。燃煤灰分过高，将导致熟料颗粒的成分不均匀，从而影响回转窑热工制度的稳定和窑熟料的产、质量的提高。结合水泥工业工艺设备和控制情况，一般对窑外分解窑，在要求保证一定热值的前提下，要求煤粉的灰分＜20％。

（4）水分：煤粉水分高，除增加了对于燃烧无益的成分外，煤粉的水分将直接影响煤粉的分散程度，使燃烧速度减慢，降低火焰温度，因此煤粉水分应控制在0.5％～1.0％。

（5）煤粉细度：回转窑用烟煤作燃料时，须将块煤粉磨成煤粉再入窑。煤粉细度太粗，除燃烧速度慢外，还将导致燃烧不完全，增加燃料消耗；同时煤粉太粗，煤灰落点较近，附在熟料表面，使熟料成分不均匀，将降低熟料的质量；而且燃烧不完全的煤粉落入熟料时由于氧气不足，不能完全燃烧，使熟料中 Fe_2O_3 还原成 FeO，造成黄心料、黄皮料。因此，煤粉细度最好控制在88 μm，筛余小于12％。若烟煤挥发分≤15％，则煤粉细度应控制在6.0％以下。

近年来的技术发展，使挥发分仅有4％～5％的无烟煤，也可用于预分解生产线。但由于其挥发分低，启燃困难，燃烧速度较低，需采用特殊的煤粉燃烧器，分解炉的形式有一定的限制，同时也要求煤粉有更高的细度。

二、液体燃料和气体燃料

采用液体或气体燃料时，由于没有灰分，燃料数量的调整将不影响熟料的成分，熟料成分将比较均匀和稳定，有利于熟料质量的提高，加之熟料颗粒的表面没有如同燃煤灰分形成的较为致密的壳，不但有利于熟料的冷却，而且使熟料的易磨性有所改善，有利于水泥粉磨时电耗的降低。气体和液体燃料的流量的计量与控制相对而言也比较简单。

从降低成本考虑，液体燃料多为价格较低的重油、渣油。重油的热值为41 316 kJ/kg（9 870 kcal/kg）左右。煅烧水泥熟料所用重油的杂质含量一般要求为：硫分＜3％，水分＜2％，机械杂质＜3％。为了降低其燃料黏度，以利于输送和燃烧时的雾化，根据燃料的不同，一般需要预热到80～120 ℃。

气体燃料通常为天然气和人造煤气两种，由于气体燃料的体积较大，带入的非助燃气体较多，且影响高温的二次风的充分利用，而且气体燃料的火焰黑度较低，在窑头燃烧时辐射传热效率较低，影响窑头熟料的烧成，因而水泥工业主要采用热值较高天然气作为回转窑燃料，天然气的热值为33 440～37 620 kJ/Nm^3。气体燃料供气系统简单，操作控制灵便。

第三节　水泥原料工艺性能

原、燃料的化学成分在一定程度上影响熟料的率值与矿物组成，进而影响水泥的性能。作为原、燃料的质量指标还有一个方面的因素应予重视，那就是它们在生产过程中所表现的工艺特性。往往对生产流程、主机型式、设备规格等，具有决定性的作用，进而影响到全厂的投资、成本与技术经济指标。因此，研究并测试各种水泥原料的工艺特性，对指导设计选型和实际生产均具有重要的意义。原料的工艺特性有几十项内容，本节只介绍对水泥生产影响较大的两大工艺特性。

一、原料的易烧性

原料的易烧性已成为现代水泥工业中最重要的一个因素。一种原料在水泥煅烧过程中的反应主要受其化学、矿物性质及粒径组成的影响。这些因素的变化，影响回转窑的操作、窑衬、燃料消耗和熟料的质量。每一种水泥生料的煅烧以各自的方式导致熟料质量的变化。

原料是否易烧可以通过易烧性试验来证实。易烧性试验方法的原理是，按一定的煅烧制度对生料试样进行煅烧，测定其f－CaO含量，并以该f－CaO含量的多少来表示该生料煅烧的难易程度。f－CaO含量越低，表示其易烧性越好；反之则易烧性差。其试验方法如下：取代表性生料试样100 g，加入20 mL蒸馏水，拌和均匀，每次取湿生料（3.6±0.1）g，置于试样成型模内，手工捶制成 ϕ13 mm×13 mm 的小试样。将试体在 105～110 ℃的干燥箱内烘 60 min 以上，然后放入 950 ℃恒温的高温炉内预烧 30 min，再将试体分别置于 1 350 ℃、1 400 ℃、1 450 ℃的高温炉内煅烧后，将试体在室温中自然冷却，把煅烧后的试体磨细，测定其 f-CaO 含量。每一种生料要以 6 个小试体为一组进行上述烘干、预烧和煅烧。将 6 个试体全部磨细混匀，测定其 f-CaO 含量，以此表示该生料在各种煅烧温度下的易烧性。

对于原料易烧性影响较大的是硅质原料的细度，因此通常对于原料中结晶较好的游离态二氧化硅的相对密度有所限制。过多的游离二氧化硅将导致生料易烧性的下降。为此，将不得不提高生料的细度。

二、原料的易磨性

易磨性是指对一种或多种（混合）料在相应的条件下磨到一定细度的难易程度。影响物料易磨性的因素主要是物料的晶型变态程度、风化程度和断裂结构等，但煅烧水泥的原料需要粉磨到一定的细度，试图用原料的这些物理化学的特性来推断它们的粉碎过程的关系是比较困难的，所以原料的易磨性也是需要进行易磨性试验来确定的。

水泥生料或单一原料的易磨性试验有干法开路和闭路两种，这里介绍简单实用的干法开路易磨性的试验法。试验球磨机规格为 ϕ400 mm×500 mm，转速为 48 r/min，装球量为 80 kg，其中直径 50 mm 的为 30 kg、ϕ40 mm 的为 30 kg、ϕ25 mm 的为 20 kg。试验方法如下：将试样破碎并筛分，称取 3～10 mm 13.3 kg配合原料，加入试验磨内。磨机每运转一段时间停磨取样测定其细度，继续试验直至产品细度达到 0.08 mm 筛筛余为 10%时所需要的时间“t”作为试样的易磨性系数。

第四节 水泥原料有害成分的影响

水泥的主要成分是 CaO、SiO_2、Al_2O_3、Fe_2O_3，但其原料不可避免地带些其他成分，有些成分对其质量影响不大，而有些成分超过一定的范围就会对其质量或对煅烧造成极大的影响和负面效应，我们称之为原料的有害成分，是我们要控制的。下面就水泥原料中主要几个常见的有害成分加以介绍。

一、氧化镁

原料中所含 MgO 经高温煅烧，其中部分与熟料矿物结合成固溶体，部分溶于液相中。因此，当熟料中含有少量 MgO 时，能降低液相黏度，有利于熟料的形成，还能改善水泥的色泽。在硅酸盐水泥中，MgO 与主要熟料矿物相化合的最大含量为 2%，超过该数量的部分就在熟料中呈游离状态，以方镁石的形式出现。方镁石与水反应生成 $Mg(OH)_2$，其体积较游离 MgO 大，而且反应速度极其缓慢，导致已经硬化的水泥凝固体内部发生体积膨胀而开裂，造成所谓的氧化镁膨胀破裂。因此，对熟料中 MgO 的允许含量要有所限制。

二、游离二氧化硅（$f-SiO_2$）

燧石是石灰质原料中的有害杂质，石灰岩中的燧石以隐晶质的 α-石英为主，以结核状、条带状或层状形态存在。燧石结构致密，质地坚硬，耐压强度高，化学活性很低，对设备的磨损严重，对窑、磨操作均有不良影响。使用含燧石的石灰石或黏土作原料时，其中燧石对粉磨、煅烧的影响则随其燧石风化程度、结构致密程度与 α-石英晶粒大小之不同而有差异，需通过原料工艺性能试验予以确定。

根据我国水泥生产厂家的生产经验，原料中的燧石含量一般控制在低于或等于 4%，但以石英为主要形态的 f－SiO_2 含量可大于 4%，具体数据值同样应由试验确定。

三、碱（K_2O+Na_2O）

碱对水泥生产的影响主要有两方面：一是影响熟料烧成系统的正常生产，二是影响熟料的质量。煅烧含碱量过高的生料，由于碱性挥发物在窑尾和预热器中循环富集，容易引起烟道、预热器结皮堵塞；回转窑内则是料发黏，烧结温度范围变窄，热工制度不稳，飞砂严重，窑皮疏松，烧成带衬料寿命缩短，致使熟料质量下降，严重时将无法生产。

生料中的碱除一部分挥发循环外，其余的大部分均以硫酸盐的形式存在于熟料中。如果熟料含碱过高，则其凝结时间将缩短，以致急凝，水泥标准稠度需水量增加，抗折强度降低，早期抗压强度稍有升高，而后期强度明显下降。此外，高碱水泥在有些地区使用时，还应特别注意防止碱-骨料反应的破坏作用。

根据我国水泥生产厂家的经验，生产高强度等级硅酸盐水泥时，熟料的碱含量以小于 1.5% 为宜，相应的生料中的碱应控制在 1% 以下。为了避免碱-骨料反应的膨胀破坏，美国规定低碱水泥的碱含量以 Na_2O 计小于 0.6%。

四、硫和氯

生料和燃料中的硫在燃烧过程中生成 SO_2，又在窑烧成带气化，在窑气中与 R_2O 结合，形成气态的硫酸盐，然后凝固在温度较低处（窑尾和预热器）的生料颗粒表面。这些 R_2SO_4 一小部分被窑灰带走外，因其挥发性较低，故大部分被固定在熟料中而带出窑外。这是 SO_3 与 R_2O 含量比例正好平衡时的情况。

如果 SO_3 含量有富裕，则在预热器中它将与生料中的 $CaCO_3$ 反应生成 $CaSO_4$ 进入窑内。在烧成带，其大部分再分解成 CaO 和气态 SO_2，小部分残存于熟料中。这样，气态 SO_2 在窑气中循环富集，往往引起预热器结皮堵塞或窑内结圈。反之，如碱含量有富裕，则剩余的碱就会生成高挥发性的氯盐和中等挥发性的碳酸盐，形成氯和碱的循环，影响预热器的正常操作。

为保证生产顺利进行，根据国内外经验，常用控制生料的硫碱比，其指标为：0.6～1.0。

氯在烧成系统中主要生成 $CaCl_2$ 和氯盐，其挥发性特别高，在窑内几乎全部再次挥发，形成氯、碱循环富集，致使预热器生料中氯化物的含量提高近百倍，引起预热器结皮堵塞。为此，国内外的经验是生料中氯盐含量应限在 0.015％～0.020％以下。

第二章　硅酸盐水泥的配料计算

第一节　硅酸盐水泥熟料的主要矿物

一、硅酸三钙

硅酸三钙是熟料的主要矿物，质量好的熟料其含量通常在54%～60%左右。C_3S在1 250～2 065 ℃温度范围内稳定，低于或高于此范围会发生分解，析出CaO（二次游离氧化钙）。实际上在1 250 ℃以下分解为C_2S和CaO的反应进行得非常缓慢，致使纯的C_2S在室温下可以呈介稳状态存在。

硅酸盐水泥熟料中硅酸三钙通常不以纯的形式存在，总是与少量的氧化镁、氧化铝等其他氧化物形成固溶体，还含有少量的氧化铁、氧化钾、氧化钠、氧化钛、氧化磷等。含有少量其他氧化物的硅酸三钙称为C_3S或A矿。它的化学组成仍然接近于纯C_3S，因此A矿常简单地视为C_3S。

C_3S为板状或柱状的晶体，显微镜下的熟料光片中多数呈六角形。在熟料光片中往往会看到C_3S呈环带结构，即在平行晶体的边棱，形成不同的带，这是C_3S与其他氧化物形成固溶体的特征，不同带表示固溶体的成分不同。C_3S的相对密度为3.14～3.25。

硅酸三钙凝结时间正常，水化较快，水化过程中放热较多，抗水侵蚀性差。但早期强度较高，且强度增进率较大，28 d强度可达到它1年强度的70%～80%，其对熟料强度的贡献在四种主要矿物中是最大的。

熟料形成时，硅酸三钙是四种矿物中最后生成的。通常在高温下，氧化钙和氧化硅首先反应生成硅酸二钙，然后在1 250～1 450 ℃下如有足够的液相存在，就使硅酸二钙在液相中吸收氧化钙，比较迅速地形成硅酸三钙。适当提高熟料中硅酸三钙含量，且保持其较好的岩相结构，可以获得高质量的熟料。但不考虑具体条件，一味追求熟料中硅酸三钙的过高含量，提高配料中 *KH* 值到了脱离实际的水平时，会给煅烧带来困难，往往使熟料中硅酸三钙的比例并没有明显提高，而游离氧化钙却不正常地增高，从而降低水泥强度，甚至影响水泥的安定性。

二、硅酸二钙

硅酸二钙由氧化钙和氧化硅反应生成，是硅酸盐水泥熟料主要矿物之一，正常的水泥熟料其含量一般为15%～22%左右。C_2S有四种晶型即α－C_2S、α′－C_2S、β－C_2S和γ－C_2S。当加热或冷却时，C_2S四种晶型发生转变的温度及途径如下：

加热时：$\gamma - C_2S \xrightarrow{830\ ℃} \alpha' - C_2S \xrightarrow{1\,450\ ℃} \alpha - C_2S$

冷却时：$\alpha - C_2S \xrightarrow{1\,425\ ℃} \alpha' - C_2S \xrightarrow{670\ ℃} \beta - C_2S \xrightarrow{525\ ℃} \gamma - C_2S$

在室温下，有水硬性的α、α′、β几种变型都是不稳定的，有转变为水硬性微弱的γ型的趋势，而由β－C_2S转变为γ－C_2S时体积随之增大约10%，从而使熟料碎裂粉化。当C_2S中含有某些微量氧化物或快速冷却时，可遏止β－C_2S转变为γ－C_2S。但α型由于生成温度较高，主要稳定剂氧化钠大多与铝酸三钙形成固溶体，稳定α′型的氧化钾数量也不多，都不足以阻止它们的转化。所以熟料中α型与α′型硅酸二钙一般较少存在。实际生产的熟料以β型C_2S存在。因而所指的C_2S即β－C_2S。熟料中的硅酸二钙与硅酸三钙一样，并不是以纯的形式存在，而是在硅酸二钙中固溶进少量MgO、Al_2O_3、R_2O、Fe_2O_3等氧化物，通常称为C_2S或B矿。β－C_2S的相对密度为3.28。C_2S晶体多数呈圆形或椭圆形，其表面光滑或有各种不同条纹的双晶槽痕。有两对以上呈锐角交叉的槽痕，称为交叉双晶；槽痕互相平行的称为平行双晶。C_2S水化较慢，至28 d龄期仅水化20%左右；水化热较小；凝结硬化较缓慢，早期强度较低，28 d以后强度还能较快增长，1年后可赶上C_3S。

三、铝酸三钙

熟料中的铝酸钙主要是铝酸三钙（C_3A），有时还有七铝酸十二钙（$C_{12}A_7$）。铝酸三钙中可固溶部分氧化物，如SiO_2、Fe_2O_3、MgO、K_2O、Na_2O、TiO_2等。铝酸三钙的相对密度为3.04。

用金相显微镜观察分布在C_3S和C_2S中间的物质，发暗部分习惯上称黑色中间相，主要成分是铝酸三钙（$3CaO \cdot Al_2O_3$）、含铁玻璃质和碱质化合物，它们一般呈片状、柱状或点滴状。所谓黑色中间相，颜色不是墨黑的，仅仅是因为在中间物中因反光能力较弱而显得色泽发暗而已。

铝酸三钙水化迅速、放热较多、凝结很快，如不加缓凝剂——石膏，易使水泥急凝。铝酸三钙硬化也很快，它的强度3 d内就大部分发挥出来，早期强度较高，然而其绝对值并不高，以后几乎不再增长甚至倒缩。铝酸三钙的干缩变形大，抗硫酸盐性能差。在道路水泥、中热和低热水泥等，对于收缩和发热有限定的水泥中，应控制含量。

四、铁铝酸四钙

熟料中的铁铝酸四钙为$C_2F-C_8A_3F$的一系列连续固溶体。在一般水泥熟料中，其成分接近于C_4AF，所以可以用C_4AF来代表熟料中铁铝酸盐。其易熔，能降低熟料液相出现的温度和黏度，有助于C_3S的生成。但其数量较多时，易造成煅烧时液相过多和黏度小而发生窑内结块现象。当熟料中Al_2O_3/Fe_2O_3小于

0.64 时，则生成 C_4AF 和 C_2F 的固溶体。

铁铝酸钙矿物中，尚固溶有少量 MgO、SiO_2、Na_2O、K_2O 以及 TiO_2 等氧化物。铁铝酸四钙又称才利特，其相对密度为 3.77。在反光显微镜下，由于在显微镜下反光能力较强，呈白色，故也称白色中间相。

铁铝酸四钙的水化速度在早期介于铝酸三钙与硅酸三钙之间。但随后的发展不如硅酸三钙。在早期，它的强度类似于铝酸三钙，后期还能继续增长，类似于硅酸二钙。C_4AF 抗冲击性和抗硫酸盐性能好，水化热较铝酸三钙低。

水泥熟料的矿物组成决定了水泥的水化速度、水化产物晶体形态和尺寸，以及彼此构成网架的结合力的大小，对水泥强度的增长有极重要的影响。

第二节　硅酸盐水泥熟料的率值

水泥生产中常用的率值是表示熟料化学组成或矿物组成相对含量的系数。它们与熟料质量及生料易烧性有较好的相关性，是生产控制中的重要指标。

经常使用的各率值是石灰饱和系数、硅酸率和铝氧率。

一、石灰饱和系数，代号 *KH*

石灰饱和系数又称石灰饱和比，它是水泥熟料中总的氧化钙含量减去饱和酸性氧化物（Al_2O_3、Fe_2O_3 和 SO_3）所需的氧化钙，剩下的二氧化硅化合的氧化钙的含量与理论上二氧化硅全部化合成硅酸三钙所需的氧化钙的含量比。简言之，石灰饱和系数表示熟料中二氧化硅被氧化钙饱和成硅酸三钙的程度。石灰饱和系数的数学式如下：

$$KH=\frac{CaO-1.65\,Al_2O_3-0.35\,Fe_2O_3-0.7SO_3}{2.8\,SiO_2}$$

或近似为：

$$KH = \frac{CaO - 1.65\,Al_2O_3 - 0.35\,Fe_2O_3}{2.8\,SiO_2}$$

对于 Al_2O_3、Fe_2O_3 和 SiO_2 完全被 CaO 饱和的熟料，石灰饱和系数应等于1。为使熟料顺利形成，不致因过多的游离石灰而影响熟料质量，石灰饱和系数一般控制在0.86～0.92。*KH* 值较高，在煅烧好的条件下，C_3S 含量高，熟料质量提高。但过高的 *KH* 值将导致生料易烧性变差，熟料的强度没有明显提高，而游离二氧化钙有可能上升，安定性变差，因此应综合考虑原料的易烧性和工艺流程，确定合理的 *KH* 值。

熟料的石灰饱和系数低，说明 C_2S 含量多，C_3S 含量偏小，此时生料易烧，但这种熟料制成的水泥水化较慢，早期强度偏低。

二、硅酸率，代号 *SM*（或字母 *n*）

$$SM = \frac{SiO_2}{Al_2O_3 + Fe_2O_3}$$

SM 表示了熟料中氧化硅与氧化铝和氧化铁之和的重量比。熟料中硅酸率过高，煅烧时液相量不足，熟料矿物形成困难并易粉化；硅酸率过低则硅酸盐矿物少，影响水泥强度而且易结块、结圈，妨害窑的操作。预分解窑生产系统，适宜的 *SM* 值为2.3～2.7。

熟料中硅酸率过高，煅烧时液相量不多，矿物形成困难，并易粉化；硅酸率过低，则硅酸盐矿物少，影响水泥强度，而且易结块、堵塞和结圈，影响窑系统的操作和运转率。

三、铝氧率（或称铁率），代号 *IM*（或字母 *P*）

$$IM = \frac{Al_2O_3}{Fe_2O_3}$$

铝氧率表示熟料中氧化铝与氧化铁的重量比，表明熟料中熔

剂矿物 C_3A 与 C_4AF 之比，预分解生产线一般 $IM=1.50\sim1.75$，白色水泥 IM 高达4.0，而抗硫酸盐水泥或大坝水泥的熟料 IM 可低于0.7。IM 高，液相黏度大，难于煅烧，水泥趋于快凝早强，水泥中石膏添加量也需相应增加；IM 低，液相黏度低，液相中质点易于扩散，有利于 C_3S 形成，但烧结范围变窄，窑内易结块、结圈，恶化操作。

第三节 熟料化学成分、矿物组成和各率值之间的关系

一、由化学组成计算率值

$$KH=\frac{CaO-1.65Al_2O_3-0.35Fe_2O_3}{2.8SiO_2}$$

$$SM=\frac{SiO_2}{Al_2O_3+Fe_2O_3}$$

$$IM=\frac{Al_2O_3}{Fe_2O_3}$$

二、由化学组成计算矿物组成

$$\begin{aligned}C_3S&=3.8SiO_2(3KH-2)\\&=4.07CaO-7.60SiO_2-6.72Al_2O_3-1.43Fe_2O_3\\C_2S&=8.61SiO_2(1-KH)\\&=8.6SiO_2+5.07Al_2O_3-1.07Fe_2O_3-3.07CaO\\C_3A&=2.65(Al_2O_3-0.64Fe_2O_3)\\C_4AF&=3.04Fe_2O_3\qquad(IM>0.64\text{时})\end{aligned}$$

三、由矿物组成计算各率值

$$KH=\frac{C_3S+0.8838C_2S}{C_3S+1.3256C_2S}$$

$$SM = \frac{C_3S + 1.3256\,C_2S}{1.4341\,C_3A + 2.0464\,C_4F}$$

$$IM = \frac{1.1501\,C_3A}{C_4AF} + 0.6383$$

四、由矿物组成计算化学组成

$$SiO_2 = 0.2631\,C_3S + 0.3488\,C_2S$$

$$Al_2O_3 = 0.3773\,C_3A + 0.2098\,C_4AF$$

$$Fe_2O_3 = 0.3286\,C_4AF$$

$$CaO = 0.7369\,C_3S + 0.6512\,C_2S + 0.6227\,C_3A + 0.4616\,C_4AF$$

第四节　熟料中煤灰掺入量

熟料中煤灰掺入量可按下式计算：

$$G_A = \frac{qA^YS}{Q_{DW}^Y} = PA^YS$$

式中　G_A——熟料中煤灰掺入量，%；

q——单位熟料热耗，kJ/kg 熟料；

Q_{DW}^Y——煤应用基低热值，kJ/kg 煤；

A^Y——煤应用基灰分含量，%；

S——煤灰沉落率，%；

P——煤耗，kJ/kg 熟料。

第五节　生料配料计算

生料配料过程就是要保持各种原料的确定比例，使熟料中的各种必要化学组分符合上述矿物组成和率值的过程。

一、计算步骤

1．列出各原料、煤灰分的化学组成和煤工业分析资料；

2．根据烧成热耗，计算煤灰掺入量；

3．选择熟料矿物组成；

4．将各原料化学组成换算为灼烧基：

$$灼烧基=\frac{未经煅烧的成分}{100-烧失量};$$

5．按熟料中要求的 SiO_2、Al_2O_3、Fe_2O_3、CaO 以误差偿试法求出各灼烧基原料的配合比；

6．将灼烧基原料的配合比换算为应用基原料配合比；

7．计算生料成分。

二、计算举例

1．原、燃料化学成分（%）（表 2－1）

表 2－1　原、燃料化学成分（%）

名　称	烧失量	SiO_2	Al_2O_3	Fe_2O_3	CaO	MgO	SO_3	K_2O	Na_2O	Cl^-
石灰石	43.00	0.50	0.25	0.50	52.00	1.50	0.05	/	≤0.6	0.02
黏　土	8.00	63.00	15.00	6.00	0.30	2.00	0.01	/	≤0.30	微　量
铁矿石	10.00	20.00	5.00	60.00	0.30	0.30	0.02	/	/	0.1
煤　灰	/	47.87	21.79	11.96	5.05	3.44	3.24	2.76	0.33	0.01

2．煤灰掺入量计算（表 2－2）

表 2－2　煤工业分析资料

灰分（%）	硫（%）	热值（$kJ/kg_{煤}$）
25	1.8	17 556

熟料热耗　3 971（4.18×950）kJ/$kg_{熟料}$。

预分解生产线，煤灰沉落率为100%。

所以，煤灰掺入量$=\frac{3\,971\times 25\%\times 100\%}{17\,556}=5.65\%$

3. 如设定要求熟料矿物组成为　$C_3S=55\%$，$C_2S=18\%$，$C_3A=9.5\%$，$C_4AF=10\%$则，依据矿物组成计算各率值和化学组成（%）

$$KH=\frac{C_3S+0.883\,8\,C_2S}{C_3S+1.325\,6\,C_2S}$$

$$=\frac{55+0.883\,8\times 18}{55+1.325\,6\times 18}$$

$$=0.899$$

$$SM=\frac{C_3S+1.325\,4\,C_2S}{1.434\,1\,C_3A+2.046\,4\,C_4F}$$

$$=\frac{55+1.325\,4\times 18}{1.434\,1\times 9.5+2.046\,4\times 10}$$

$$=2.31$$

$$IM=\frac{1.150\,1\,C_3A}{C_4AF}+0.638\,1$$

$$=\frac{1.150\,1\times 9.5}{10}+0.638\,3$$

$$=1.73$$

$$SiO_2=0.263\,1\,C_3S+0.348\,8\,C_2S$$

$$=(0.263\,1\times 55+0.348\,8\times 18)\%$$

$$=20.75\%$$

$$Al_2O_3=0.377\,3\,C_3A+0.209\,8\,C_4AF$$

$$=(0.377\,3\times 9.5+0.209\,8\times 10)\%$$

$$=5.68\%$$

$$Fe_2O_3=0.328\,6\,C_4AF=(0.328\,6\times 10)\%$$

$$=3.286\%$$

$$CaO = 0.7369\,C_3S + 0.6512\,C_2S + 0.6227\,C_3A + 0.4616\,C_4AF$$
$$= (0.7369 \times 55 + 0.6512 \times 18 + 0.6227 \times 9.5 + 0.4616 \times 10)\%$$
$$= 62.78\%$$

计算率值和化学组成（%）见表2-3。

表2-3　计算的各率值和化学组成（%）

KH	*SM*	*IM*	SiO_2	Al_2O_3	Fe_2O_3	CaO
0.899	2.31	1.73	20.75%	5.68%	3.29%	62.78%

4. 将各原料的化学组成换算为灼烧基见表2-4

表2-4　各原料的化学组成换算为灼烧基

	SiO_2	Al_2O_3	Fe_2O_3	CaO
石灰石 $\times \frac{100}{100-43.0}$	0.88	0.44	0.88	91.23
黏土 $\times \frac{100}{100-8}$	68.47	16.31	6.52	0.33
铁矿石 $\times \frac{100}{100-10}$	22.22	5.56	66.67	0.33
煤　灰	47.87	21.79	11.96	5.05

5. 按计算所得熟料化学组成，减去煤灰掺入量后，即无煤灰熟料成分，由此来计算煅烧原料之配合比及熟料成分、率值和矿物组成（表2-5）

表2-5　减去煤灰掺入成分

	SiO_2	Al_2O_3	Fe_2O_3	CaO
计算熟料成分	20.74	5.68	3.29	62.78
煤灰成分×5.65%	2.70	1.23	0.68	0.29
无灰熟料成分	18.04	4.45	2.61	62.49

计算各种原料配合比：先设定各种原料的配比，然后计算生料中各种成分的含量及率值。如率值偏差较大，可调整配比后，重新复算。通过多次设定后，成分距离设定的率值偏差值越来越小，使最终的率值在控制范围内，就完成了原料的配比运算（表2－6）。

表2－6　按初步计算的配合比计算熟料化学组成（%）

原料名称	配合比	SiO_2	Al_2O_3	Fe_2O_3	CaO
灼烧基石灰石	68.4	0.6	0.3	0.6	62.4
灼烧基黏土	25.45	17.43	4.15	1.66	0.08
灼烧基铁矿石	0.5	0.11	0.03	0.33	0.02
煤　灰	5.65	2.70	1.23	0.68	0.29
计算熟料	100	20.84	5.71	3.27	62.79

计算熟料率值：

$$KH=\frac{CaO-1.65\,Al_2O_3-0.35\,Fe_2O_3}{2.8\,SiO_2}$$

$$=\frac{62.79-1.65\times5.71-0.35\times3.27}{2.8\times20.84}=0.894$$

$$SM=\frac{SiO_2}{Al_2O_3+Fe_2O_3}$$

$$=\frac{20.84}{5.71+3.27}=2.32$$

$$IM=\frac{Al_2O_3}{Fe_2O_3}=\frac{5.71}{3.27}=1.746$$

计算熟料矿物组成：

$$C_3S=3.8\,SiO_2(3KH-2)=3.8\times20.84(3\times0.895-2)=54$$

$$C_2S=8.6\,SiO_2(1-3KH)$$

$$=8.6\times20.84(1-0.894)=18.99$$

$$C_3A=2.65(Al_2O_3-0.64\,Fe_2O_3)$$

$$=2.65(5.71-0.64\times3.27)=9.59$$

$$IM=\frac{Al_2O_3}{Fe_2O_3}=\frac{5.71}{3.27}=1.746$$

$$C_4AF=3.04\,Fe_2O_3=3.04\times3.27=9.94$$

由上可知：计算中熟料的率值和矿物组成与要求的有一定差额，同时 *IM* 偏高些。因此应适当增加石灰石和铁矿石配合比。取石灰石配合比 68.45%，黏土配合比 25.3%，铁矿石配合比为 0.6%，再次计算熟料化学组成（%），见表 2-7。

表 2-7　熟料化学组成（%）

原料名称	配合比	SiO_2	Al_2O_3	Fe_2O_3	CaO
灼烧基石灰石	68.45	0.6	0.3	0.6	62.44
灼烧基黏土	25.3	17.43	4.13	1.65	0.08
灼烧基铁矿石	0.6	0.13	0.03	0.40	0.02
煤　　灰	5.65	2.70	1.23	0.68	0.29
计算熟料	100	20.86	5.69	3.33	62.83

计算熟料率值：

$$KH=\frac{CaO-1.65\,Al_2O_3-0.35\,Fe_2O_3}{2.8\,SiO_2}$$

$$=\frac{62.83-1.65\times5.69-0.35\times3.33}{2.8\times20.86}$$

$$=0.895\approx0.9$$

$$SM=\frac{SiO_2}{Al_2O_3+Fe_2O_3}=\frac{20.86}{5.96+3.3}=2.31$$

$$IM=\frac{Al_2O_3}{Fe_2O_3}=\frac{5.69}{3.33}=1.709$$

计算熟料矿物组成：

$$C_3S=3.8\,SiO_2(3KH-2)$$

$$=3.8\times20.86(3\times0.9-2)=55.49$$

$$C_2S = 8.6\,SiO_2(1 - 3KH)$$
$$= 8.6 \times 20.86(1 - 0.9) = 17.94$$
$$C_3A = 2.65(Al_2O_3 - 0.64\,Fe_2O_3)$$
$$= 2.65(5.69 - 0.64 \times 3.33) = 9.43$$
$$C_4AF = 3.04\,Fe_2O_3 = 3.04 \times 3.33 = 10.12$$

以上计算熟料率值和矿物组成均可满足要求，故不再调整配合比。

6. 将煅烧原料配合比换算为应用基原料配合比，见表2－8

表 2－8　煅烧原料配合比换算为应用基原料配合比

原料名称	煅烧原料配合比（%）	应用基原料重量比	应用基原料配合比（%）
石灰石	68.45	$68.45 \times \frac{100}{100-43} = 120.09$	$\frac{120.09}{120.09+27.5+0.67} = 81$
黏　土	25.3	$25.3 \times \frac{100}{100-8} = 27.5$	$\frac{27.5}{120.09+27.5+0.67} = 18.55$
铁矿石	0.6	$0.6 \times \frac{100}{100-10} = 0.67$	$\frac{0.67}{120.09+27.5+0.67} = 0.45$

7. 计算生料成分

各原料成分乘以应用基原料配合比之和即为生料成分，见表2－9。

表 2－9　生料成分

	烧失量	SiO_2	Al_2O_3	Fe_2O_3	CaO
石灰石×81%	34.83	0.41	0.20	0.41	42.12
黏土×18.55%	1.48	11.68	2.78	1.11	0.06
铁矿石×0.45%	0.05	0.09	0.02	0.27	0.01
生料成分	36.36	12.18	3.00	1.79	42.19

三、有害组分计算和评定举例

1．生料中有害组分的控制范围

碱性氧化物，K_2O+Na_2O：极限值1%，最好小于0.2%；氧化镁MgO：极限值3%，最好小于2%；氯化物，Cl^-：极限0.015%。

2．范例：生料中的有害组分的计算

$$K_2O+Na_2O=0.81\times0.55+0.185\times2.5+0.0045\times1.5$$
$$=0.9147$$
$$MgO=0.81\times1.5+0.185\times2.0+0.0045\times0.3$$
$$=1.5864$$
$$Cl^-=0.81\times0.016+0.0045\times0.1$$
$$=0.0134$$

3．评定

碱性氧化物（K_2O+Na_2O），接近极限值；

氧化镁（MgO），处于容许范围；

氯的化合物（Cl^-），略低于极限范围；

生料中以上有害组分在极限范围内，故原料可用。

第三章　原料燃料破碎

第一节　概　　述

水泥生产所需的原料，进厂粒度多数超出了粉磨设备允许的进料粒径，需要预先破碎。此外，物料的粒径过大也不利于烘干、运输与储存等工艺环节。水泥厂的石灰石、黏土、铁矿石、混合材以及燃料煤等，大部分都需要预先破碎。石灰石是生产水泥用量最多的原料，开采后的粒径较大，硬度较高，因此石灰石的破碎在水泥厂的物料破碎中占有重要的地位。

生产水泥所消耗的电能约有四分之三用于物料的破碎和粉磨。因此合理地选择破碎和粉磨设备就具有重要意义。破碎过程与粉磨过程相比较，从增加同样的表面能而言，破碎过程要比粉磨过程经济而方便得多。因此，在可能的条件下，在物料进入粉磨设备之前，应尽可能将物料破碎至粒径较小的小块。一般要求石灰石进入粉磨设备之前其最大尺寸小于25 mm。这样就可以减轻粉磨设备的负荷，提高磨机的产量。另外，粒径较小的物料，水分的蒸发较容易，因而可提高烘干机的效率。

物料破碎至细小的颗粒后，可减少在运输和储存过程中不同粒径物料的离析现象，从而避免由此引起的原料成分的波动。缩小物料粒径对磨前的配料环节也有着重要的意义，粒度越细小均匀，电子称量设备的运行就越稳定，配料就越准确。随着物料粒径的减小，破碎的效率下降很快。因此破碎过程的产品粒径的要求应合理，追求过小的破碎粒径，不但降低了破碎效率，也将使破碎系统更为复杂。

破碎是用机械挤压或冲击的方法减小物料粒径的过程。破碎比通常是由物料破碎前的最大粒径与破碎后的最大粒径的比值来确定的，见表3-1。

表3-1 常用几种破碎机的破碎比

破碎机型式	破碎比范围
颚式破碎机	3～10
环锤式破碎机	4～8
黏土冲击破碎机	4～12
锤式破碎机	10～50
反击式破碎机	10～50

物料的物理机械性质是选择破碎机类型重要因素，诸如强度、硬度、密度，是脆性或是韧性，是块状或片状，含水量、含泥量及黏塑性、磨蚀性等。因此，不同的物料在抗压能力、抗剪能力、抗冲击能力、抗研磨刮削能力等表现是不一样的。水泥厂需要破碎的物料因其物理机械特质不同而需要选择不同类型的破碎机。

第二节　破碎设备的类型

一、颚式破碎机

颚式破碎机在水泥工厂中被广泛采用，主要用来破碎石灰石、铁矿石、石膏和大块熟料等。其结构如图3-1所示。活动颚板在偏心轴带动下，有规律地作往复运动，物料在固定颚板和活动颚板之间被挤压破碎。大块物料由进料口喂入，破碎后的小块物料由出料口排出。颚式破碎机有粗碎和细碎之分，其规格都按其进料口的长宽尺寸来表示，如150 mm×750 mm、250 mm×400 mm、250 mm×500 mm、250 mm×1 000 mm、400 mm×600 mm、600 mm×900 mm、900 mm×1 200 mm、1 200 mm×

1 500 mm和1 500 mm×2 100 mm 等。为了使物料能顺利地进入破碎机，最大入料粒径通常为其进料口宽度的 0.85，如进料口宽度 250 mm 的最大进料粒径为210 mm。

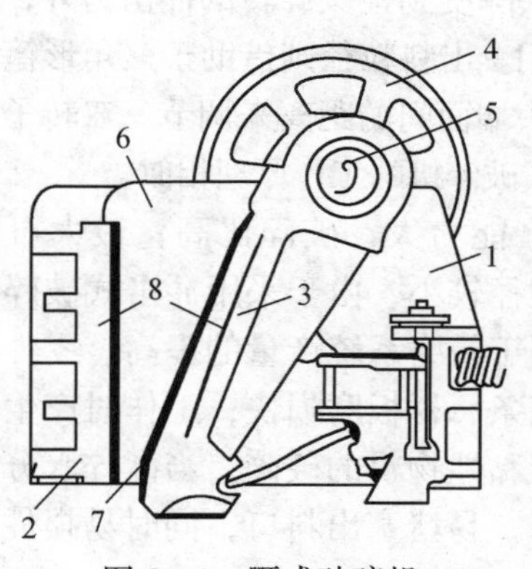

图 3－1　颚式破碎机

1—机壳；2—固定颚板；3—动颚；4—飞轮；5—偏心；6—进料口；7—出口额；8—护板

颚式破碎机的优点是：构造简单、制造维护容易，机体坚固，能破碎高强度的矿石，进料口容许有物料堆积，因而对于喂料稳定性要求不高。适用范围广，对耐磨和韧性强的物料有较好的适应性。其缺点是：破碎比较小，粗碎式颚式破碎机出料粒径往往不能满足入磨要求；片状岩石由于容易发生漏料，不宜用颚式破碎机进行破碎；其动颚运动时呈往复运动，空行程不起破碎作用，工作效率较低；当破碎湿的和可塑性的物料时，出料口容易堵塞。

二、锤式破碎机

水泥工业中广泛地采用锤式破碎机，用来破碎石灰石、泥灰岩、熟料和煤块等。锤式破碎机可分为单转子和双转子两种类型。单转子锤式破碎机构造和工作原理如图 3－2 所示。

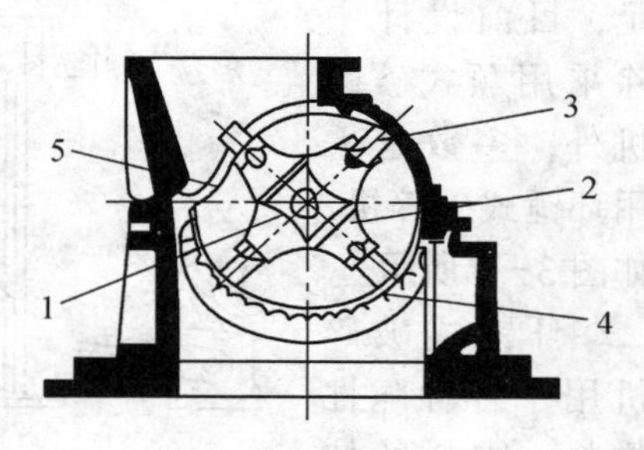

图 3－2　锤式破碎机

1—主轴；2—十字头；3—锤头；4—三角形篦条；5—弧形篦条

工作时，主轴被皮带轮上皮带拖动转动，离心力作用将自由悬挂的锤头沿着十字头旋转的方向抛出，进到弧形篦条上的料块，受锤头的猛烈冲击破碎后从弧形篦条间落下，在降落过程中再被高速旋转的锤头破碎，落到三角形篦条上。小于篦条空隙的碎粒将被排出机体，大于篦条空隙的大颗粒将继续破碎过程，料块除受到锤头旋转的冲击力外，在篦条上还受到锤头挤压和研磨作用。出料粒径则借助于三角形篦条间的空隙宽度及篦条工作面和锤头端面间的距离来调节。双转子锤式破碎机的工作原理与单转子锤式破碎机的工作原理相似。

锤式破碎机的优点是：生产能力大，破碎比高，最大可达70；构造简单，机体小，产品粒径较小，由于采用冲击式破碎方式，产品将产生大量细粉，有利于粉磨系统产量的提高。零件易检修、拆换。缺点是：锤头、篦条、衬板磨损快；工作时产生粉尘大；不适合硬度较高，潮湿及黏性物料的破碎，当破碎水分大或黏性物料时，产量会大大下降，易堵塞出料口，同时易损件的磨损大大加速。

三、环锤式破碎机

以往,在水泥厂的设计中,煤的破碎多采用锤式破碎机,或反击式破碎机,其结果是能耗大,过破碎现象严重,造成大量扬尘。为了克服这些不足，目前设计中除采用颚式破碎机外，多数是采用环锤式破碎机，如图 3－3 所示。

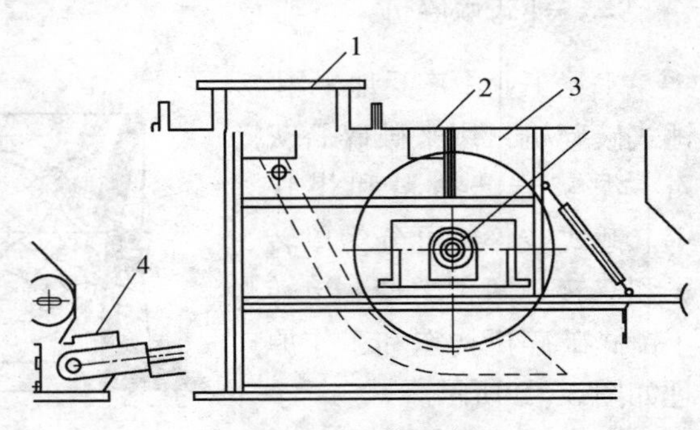

图 3－3　环锤式破碎机

1—进料口；2—机盖；3—转子；4—筛板调节器

环锤式破碎机用于各种脆性物料，物料的抗压强度不超过100 MPa，表面水分不大于15%。除用于煤的破碎外，也可用于焦炭和页岩等物料的破碎。

环锤式破碎机是利用高速旋转的转子带动环锤对物料进行冲击破碎，使被冲击后的物料又在环锤、破碎板和筛板之间受到压缩、剪切、碾磨作用，进而达到所需粒径的高效率破碎机械。

四、黏土冲击式破碎机

黏土质原料是水泥生产的主要原料，约占水泥原料的10%～20%。由于黏土含水分高，又有较强的塑性，很容易黏结，故黏土破碎需专用设备。目前采用较多的是黏土冲击式破碎机，如图3-4所示。

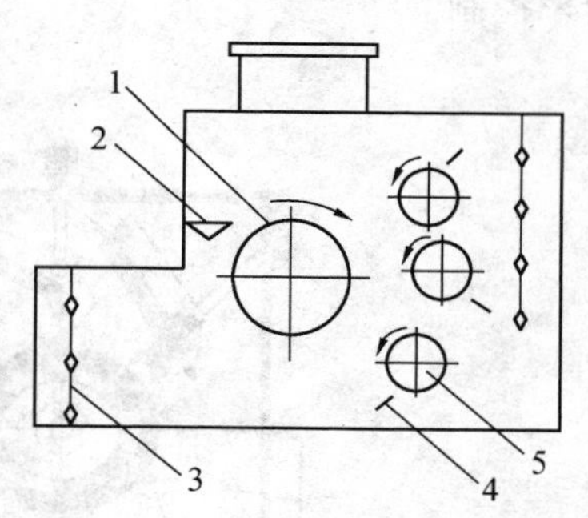

图3-4　黏土冲击式破碎机
1—转子；2—反击板；3—链条；4—刮刀；5—活动辊筒

该破碎机的破碎系统由三个活动辊筒组成的反击板锤的转子体等部件所组成，主要借高速旋转的转子体上的板锤冲击湿黏土块，使其沿薄弱部分进行选择性破碎，被冲击的料块获得很大的动能，再经反击板和湿土块相互间的冲击后，又被进一步破碎。为了防止破碎腔的黏结，本机在辊筒背后装有刮刀，湿料一旦黏结到筒上即被刮下。机壳四周吊挂链条，随着破碎料的打击，不停地抖动，湿料无法粘上，高速旋转转子将诱导大量的空气进入破碎腔，随着转子的旋转，空气受到离心力的作用，使其机壳内的含湿气体沿着出料口的方向逸出，在此形成一个水蒸气分压差，可对破碎细料起到微小的烘干作用。

五、反击式破碎机

反击式破碎机在水泥工业中被广泛采用。它适用于破碎石灰石等脆性物料，是一种高效率的破碎设备。

反击式破碎机如图 3－5 所示，它的破碎过程是：物料经装料口处的导板（或称筛板）落在转子上，受到高速旋转着的转子上的打击板（板锤）的高速冲打，被抛至上部悬挂着的反击板上，从反击板上掉下来的物料与转子陆续抛上来的物料相互冲击。这样，物料在转子、导板、反击板及链幕之间的破碎空腔内受到反复剧烈的碰撞和冲击而得到破碎。破碎后的成品由出料口排出。出料粒径的大小，靠上下调节反击板尾部的螺栓来控制。

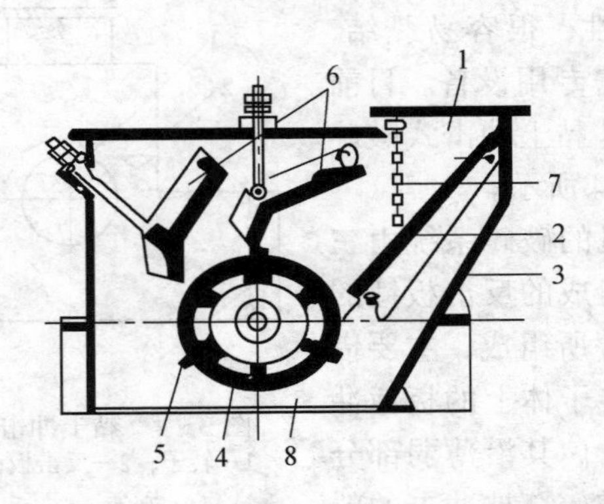

图 3－5　反击式破碎机

1—进料口；2—导板；3—机壳；4—转子；
5—板锤；6—反击板；7—链幕；8—出料口

反击式破碎机具有结构简单、生产效率高、破碎比大、单位能耗低、产品粒径较细、磨损较少等优点。缺点是：不设下篦条的反击式破碎机产品中有少量大块；用于单段破碎时，必须严格控制最大进料粒径，以免损坏转子。

第四章　原料、燃煤预均化

随着水泥工业的大型化发展，寻找储存量极为丰富、成分又很均匀的原料矿山的难度将日益增大。从提高资源利用水平和满足环保要求，促进企业的可持续发展出发，需要我们更多地采用品位较低、成分波动较大的矿石资源。现代化的大型矿山实际开采时，矿床的顶板和底板将不可避免的部分混入矿石中，矿床地质常见的溶蚀和裂隙结构中也常常夹杂有黏土，这些夹杂物在工业化开采过程中很难剔除，而且剔除出的废石弃土将成为污染环境的固体废弃物。如果我们采用预均化技术，控制掺入的总量，并保持掺入量的稳定，就将使相当大量的废弃物变成为水泥的原料，提高剥采比，大大延长矿山使用寿命，降低矿山开采污染，提高水泥企业的可持续发展的水平。

预均化堆场始创于钢铁工业，1905 年就已在美国的冶金工业得到应用。1959 年首次应用于美国水泥工业。1965 年法国拉法基公司将其应用于石灰石、黏土两种组分进行预配料，均取得良好效果。现代水泥工厂无一不把预均化设施作为稳定生产和提高原料利用率的重要措施，水泥预分解窑生产线的原料预均化设施也是有利于配料、粉磨等工业环节的重要措施，是稳定窑系统热工制度的重要手段，是提高产质量，降低热耗的有效措施。

第一节　原料采用预均化技术的条件

石灰石占水泥原料 80%左右，石灰石原料成分是否均匀对水泥生产是至关重要的，因此，石灰石是否需要预均化以及采取何种方式是建厂之前必须考虑的问题。从水泥厂的长期实践看，石灰石（$CaCO_3$）的波动范围 R 小于5%时，原料均匀性可以满足配料要求，可不采用专门的预均化设施，而采用适当储量的储存设施，保证配料对于原料成分的稳定性要求；$R=5\%\sim10\%$，原料均匀性一般，根据其他原料情况，可以考虑也可不考虑预均化；R 大于15%时，原料均匀性差，必须采用预均化。波动范围通常是指原料搭配进厂时，3～7天（根据原料储存量定）内原料的波动情况。

如果原料中黏土或石灰石中某一原料成分波动大时，可对该原料单独预均化或两种原料分别预均化。也可以采用石灰石、黏土预先进行搭配，然后进行预均化。对于石灰石而言，要求通过预均化后，CaO的波动控制在±1%。

第二节　预均化的基本原理

一、基本原理

在原料堆放时，尽可能地以最多的相互平行和上下重叠的同厚度的料层构成料堆。而取用则设法垂直于料层的方向，尽可能同时切取所有料层，依次切取，直到取尽。这样取出的原料相对进场的物料就含有较大的时间跨度，成分均齐得多。这种堆取料的方式形象地说就是平铺直取。

堆料时料层越多，取料时所切取到的料层也越多，原料在堆料时较大的波动就被均摊到较长时间里去切取，而同时切取的物料中含有不同时刻进入堆场的物料，其时间跨度就大，因此切取的物料的成分波动就大大减小。

二、评价均化效果的方法

目前小型水泥厂普遍使用衡量样品的方法是计算样品的合格率，这种计算方法虽然也在一定的范围内反映了生料样品的波动情况，但并不能反映出样品的波动幅度，更没有提供全部样品中各种波动幅度的分布情况。用合格率去衡量尚有一定的局限性，必须引进更为有效的办法。

1. 标准偏差的含义及应用

水泥厂生产工艺控制中所检测的各种质量检验数据大部分呈正态分布。正态分布曲线如图 4－1 所示，它是根据正态概率密度函数给出的。因为是德国数学家高斯所发现的，所以也称为高斯定律。样本值出现的频率可用下式表示：

$$\phi(x)=\frac{1}{S\sqrt{2\pi}}\mathrm{e}^{-(x-x_0)^2/2S^2}$$

式中　x——随机样本值；

　　e——自然对数的底≈2.218 28；

　　x_0——总体均值是曲线最高点的横坐标，曲线对 μ 垂直线对称；

　　S——统计学中定义为标准偏差，其值为

$S=\sqrt{\frac{1}{n}\sum\ (X_i-\overline{X})^2}$ 总体的标准偏差，S 值越大，曲线越肥胖。

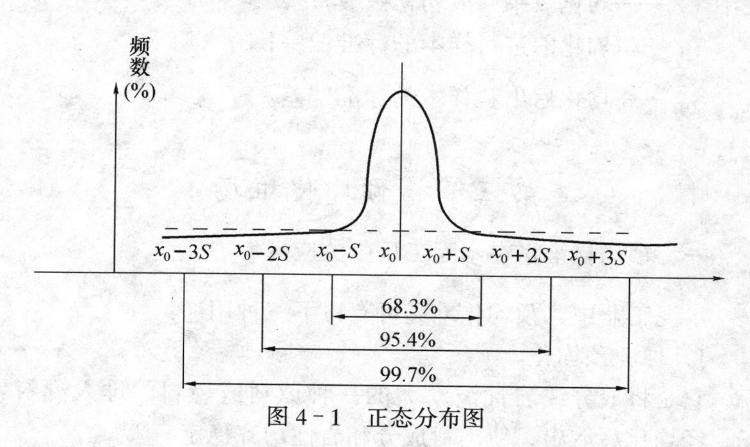

图 4－1　正态分布图

图 4－1　曲线所示样本出现的频率有如下特点：

• 标准偏差 $X_0 \pm S$ 为曲线的拐点的 X 值，其值越小，曲线越窄，分布越集中；

• 标准偏差 S 直接反映波动幅度，S 越小，波动幅度越小；

• 标准偏差 S 同均值 X_0 一起表示了误差的分布范围，其正负误差数据的大小和数量基本相等；

• 在全部数据中，以平均值 X_0 中心 $\pm S$ 范围内的数据占总数据的 68.3%，$\pm 2S$ 范围内的数据占总数据的 95.4%，$\pm 3S$ 范围内的数据占总数据的 99.7%。

标准偏差既反映了整体样本与围绕算术平均值的误差的大小，也反映了误差出现的频率，因而采用标准偏差的概念，就能较好地表述整体样本偏差的情况。

2. 均化效果计算

均化设施的均化效果通常是指进料和出料的标准偏差之比可以用下式表示：

$$e = \frac{S_{B_1}}{S_{B_2}}$$

式中 e——均化效果（或均化系数）；

S_{B_1}——均化前进料样本的标准偏差；

S_{B_2}——均化后出料样本的标准偏差。

第三节 预均化堆场

一、预均化堆场在水泥工厂中的应用

水泥工业中，预均化堆场可有以下三种用途：

1. 原料预均化

它是将成分或岩性波动大的一种原料或燃料，堆入混料堆场，经均化后取出，使出料成分和岩性均齐稳定。

2. 预配料堆场

它是将化学成分波动较大的两种或两种以上的原料，按一定的配合比例堆入堆场。经混合以后，使其出料成分均齐，而且在一定的要求范围内有利于下一步的正式配料。例如石灰石和黏土、石灰石和页岩等的预配料。采用这种方式处理原料，可一次解决两种以上的原料的均化问题，同时也可避免湿黏土在配料库中的棚堵。

3. 配料堆场

这种配料堆场是将全部水泥原料按配料要求以一定的比例送入堆场，经混合后，使其出料成分均齐，并要符合生料成分要求。在堆料过程中，配套的取样和快速分析装置随时将料堆的平均成分反馈给配料控制系统，对料堆的平均成分进行校正。该堆场要具有完全的配料作用，必须配备完善的取样、试样处理、快速分析装置和直接数字控制计算机等装置。

在以上三种类型的堆场中，前两种采用较多，后者配料要求严格，一次投资很高，所以水泥工业中很少采用。

二、预均化堆场的堆放方法和取料方法

预均化堆场的布置方式有矩形和圆形两种。

矩形堆场一般都有两个料堆，一个堆料，一个取料，相互交替，见图4-2。每个料堆的储存量通常可供工厂使用5～7天。两个料堆是平行布置还是呈直线布置，可根据工厂地形条件和总体布置的

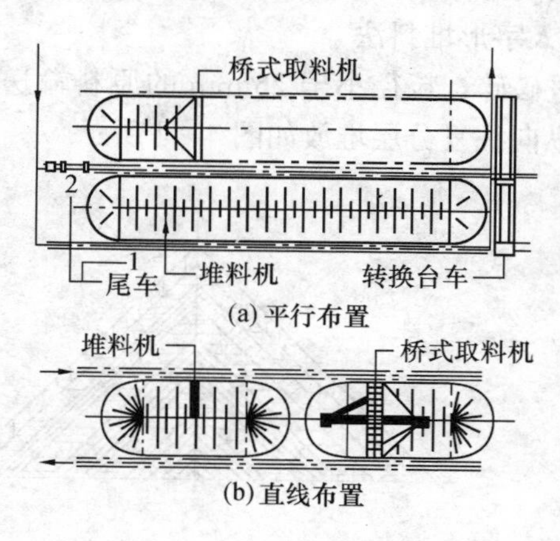

图4-2　矩形预均化堆场

要求决定。

圆形预均化堆场的原料是由皮带机送到堆场中心，由可以围绕中心作 360 °回转的悬臂式皮带堆料机堆料，料堆为圆环，其截面呈人字形料层。取料则采用桥式刮板取料机，其桥架的一端固定在堆场中心的立柱上，另一端则支撑在料堆外围的圆形轨道上。整个桥架以立柱为圆心，按垂直于料层方向的截面进行端面取料，刮板将物料送到堆场底部中心卸料斗，由地沟皮带机运出，见图 4 - 3。

图 4 - 3　圆形预均化堆场

预均化堆场的均化效率取决于堆场的参数、堆料和取料方法以及其生产控制参数的选择。堆场堆取料的形式很多，水泥工业中以人字形堆料并用桥式刮板取料机端面取料的预均化堆场最为常用，简要介绍如下：

1. 人字形堆料法

经过破碎，粒径小于 25 mm 的原料输送到预均化堆场，沿着堆场纵向往复分层堆放如图 4 - 4 所示。

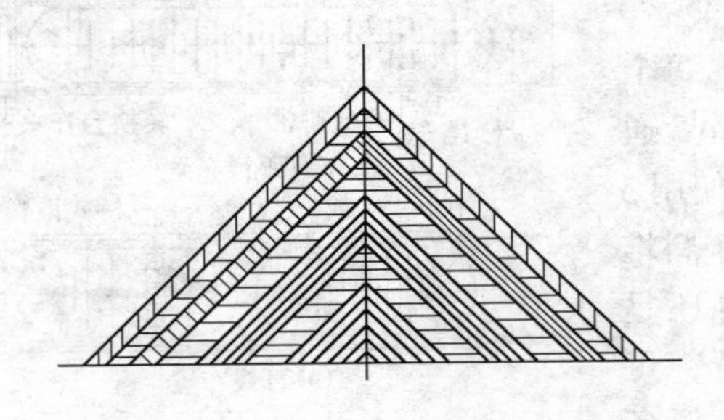

图 4 - 4　人字形堆料法

人字形堆料法采用活动卸料车于料堆顶部的皮带输送机来回均匀布料，如图 4－5 所示，或者采用坐落于地面位于料堆侧面的堆料皮带机往复布料。侧堆式皮带堆料机的堆料设备与顶堆式堆料皮带输送机相比，由于其设备复杂，其操作维护都较为困难，而且价格昂贵，但侧堆式无需建筑物的支撑，从而可以大大降低土建费用。

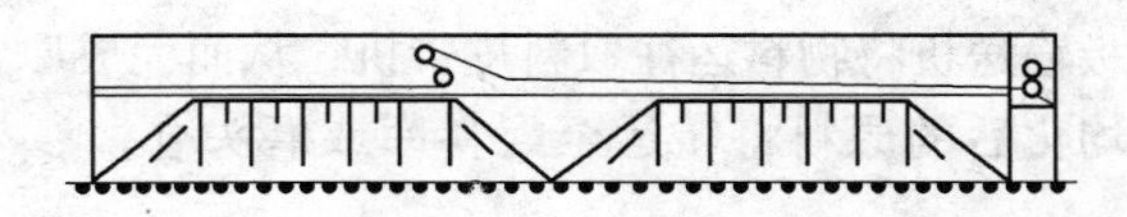

图 4－5　带卸料车的顶部皮带输送机

堆料机的移动速度必须进行有效控制，以便得到预期的物料层的厚度。物料层的厚度过厚，将降低均化效果，物料层过薄，运转费用增加，但均化效果增加有限，通常控制在物料的最大粒径的范围内。对于 10 m 高的料堆，其层数约 400～500 层。

为了保证良好的均化效果，料堆的长宽比应取较大值，以减小锥端效应对于均化效果的影响。

2．桥式刮板取料机端面取料法

图 4－6 表示桥式刮板取料机从料堆端部收取物料的工作方法。

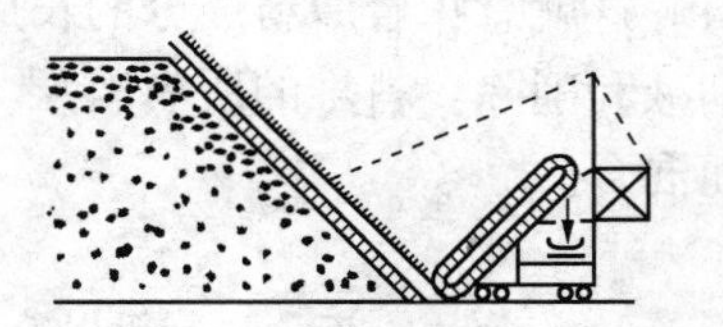

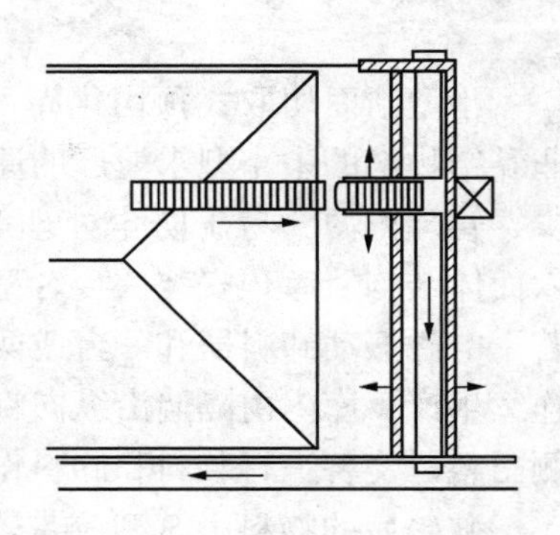

图 4－6　桥式刮板取料机

在料堆两侧的轨道上架设刮板桥架，对称地设有取料耙的耙车在桥架上沿料堆横向往复行驶。借助于手摇绞车将耙调整到适应于料堆斜面。在桥架的下面，设有刮板出料机，它由链轮、滚子链、装有耐磨衬板的刮板和传动装置组成。桥式刮板取料机的运行速度可在非常大的范围内调节，在两个料堆间调动时，其运行速度稍快。工作时其运行速度非常慢，以适应大范围的、薄料层的切削过程。刮板输送机沿纵向缓慢推进，使料耙始终与料堆的表面接触。耙车在料堆的横向往复行驶，料耙将物料从料堆上扒下，落入刮板输送机内，由刮板输送机将物料运往取料皮带机，从而完成原料的预均化过程。均化后的原料将转运至配料库或磨头仓，参与配料过程。

采用堆取料机完成的预均化过程，之所以有较好的均化效果，是由于堆料机可把短时间内进入堆场的原料，均匀分散在长达百米的料堆上，而取料机沿纵向整个料堆的横断面取料时，每次取得的较少数量的物料，均含有整个堆料过程中进入料堆的物料。这就意味着原料成分的长周期和短周期的波动均得到有效的削减和削除。料堆的所有料层（约 400～500 层）这时均被切割而混合。

第四节　小型断面切取式预均化库

小型断面切取式预均化库（简称 DJK）适用于地耐力较好、非黏结物料的中小型水泥厂的原料预均化。它具有投资省，占地少，管理方便，易于防尘处理等优点。DJK 的主体为矩形中空六面体结构。库顶安装一台 S 型胶带输送机用以布料。库底设有若干电磁振动卸料器和一台或两台胶带输送机用以卸料。为保证连续生产，库内由隔墙沿纵向将库一分为二。一侧布料时，另一侧出料，交替进行装料和卸料作业，详见图 4－7。

破碎后的物料由 S 型胶带输送机向预均化库一侧纵向布料，形成多层人字形料堆。装满后从一端开始启动第一个卸料器，在经过一段时间后启动第二个卸料器。同样依次启动第三、四、五个卸料器，直至将物料卸空。这样利用物料的重力卸料，和各个卸料口卸料的时间差，实现断面切取，达到均化的目的。

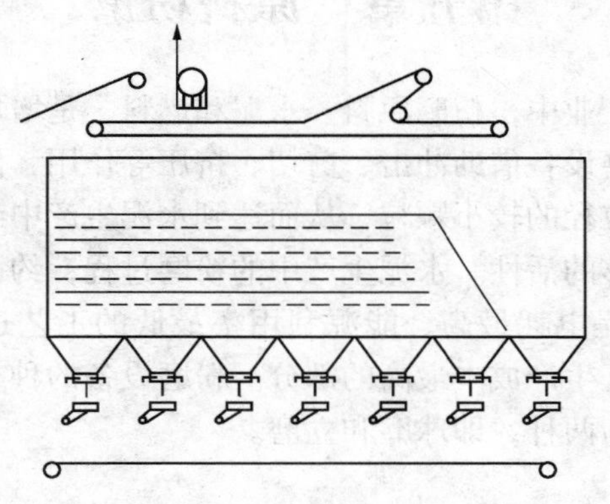

图 4－7 DKJ 库结构与过程示意图

第五节 大型预均化堆场

多年来，我国水泥预分解窑生产线的建设，一直存在投资过大的问题，严重制约着预分解生产技术的推广。在大型预分解生产线中，占地数千平方米，甚至上万平方米的预均化堆场的建设费用，往往高达生产线投资的 15% 以上。由于近年来，预分解窑生产线普遍采用了烘干能力很强的辊式磨或中卸磨进行生料粉磨生产，对于入磨原料水分的控制要求已经大大放宽。加之生产线控制能力提高，预均化堆场作业时的扬尘大大减轻，有相当多的预分解生产线，已经采用了露天设置的预均化堆场，大大减少了这一重要生产环节的建设投资。

第五章　原料粉磨

在水泥工业中，粉磨原料、水泥和燃料，是增加物料表面能的过程。粉磨设备借助冲击、剪切、挤压等作用，使较大的颗粒粉碎成不同粒径的较小颗粒，从而达到水泥生产中半成品或成品所要求的足够的活性。水泥生产中的粉磨过程，约占生产过程电耗的70%，是电耗最高、能源利用率最低的工艺过程，也是多数水泥生产厂生产成本最高的部分。粉磨设备的种类很多，从大的型式区分为两种，即球磨和立磨。

第一节　球磨机

通常“管磨”和“球磨”统称球磨机。管磨机的长径比为(3～6)∶1，而球磨机的长径比小于3∶1，它们的规格用 $D \times L$ 表示。

一、球磨机的工作原理及特点

1．球磨机的工作原理

球磨机是由钢板卷制的筒体，两端是装有空心轴的端盖，筒体内壁装有衬板，内部装有不同规格的研磨体，一般为钢球或钢段。球磨机转动时，研磨体由于惯性离心力和摩擦力的作用，使它贴附在衬板上与磨机一起回转，带至一定高度后，由于其本身的重力，下落的研磨体像抛射体一样将磨内物料击碎，如图5－1所示。

磨机在物料的提升和抛落过程中，研磨体有滑动现象，研磨体的滑动将对物料产生研磨。为了有效地利用研磨的能量和保证产品的质量，一般将磨机分成几个仓，仓与仓之间用隔仓板隔开，自磨头至磨尾由大至小分别装入粒径不同的钢球或钢段。物料由磨头连续加入，从磨尾卸出（中卸磨在磨中部卸出）。磨机的第一仓装有较大直径的钢球或钢段，主要对物料进行破碎，亦兼有粉磨作用。磨机尾仓装有较小的钢球或钢段，主要是对物料进行研磨。磨机筒体的回转速度对物料的粉磨影响很大。因为磨机的转速和磨机衬板的形式决定着研磨体的提升高度。当筒体转速合适时，一仓的研磨介质在阶梯衬板的提升作用下，提升至较高的高度，较大的势能转化成为动能，对块状物料进行冲击研磨，表现出较好的破碎能力和一定的研磨能力，其运动形式如图5-2（c）所示，被形象的称之为“大瀑布”。而此时的二仓，在提升能力相对较低的衬板的摩擦作用下，研磨介质能够被带动到一定高度，而坍滑下来，研磨体仅在一定范围内滑动，冲击破碎能力较低，但有较好的研磨作用，其运动如图5-2（b）所示，其运动形式被形象地称之为“小瀑布”。这样，我们将磨机的转速控制在一个合适的范围内，使磨机内的研磨介质在不同的衬板的提升作用下，实现我们要求的运动形式，完成一仓以破碎为主，二仓以研磨为主的工艺过程。

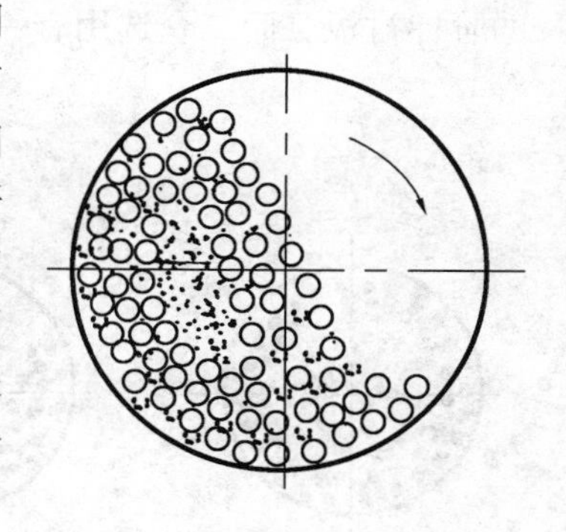

图5-1　研磨体的工作原理

若磨机转速过高，则因研磨体的离心力大于研磨体自身重力，研磨体将贴在筒体内壁与筒体一起作圆周运动，起不到冲击破碎物料的目的，如图5-2（a）所示。因此，要使磨机在运动状态下兼顾几种作用就需确定磨机合理的转速，从而可将研磨体提升到适当的高度，以获得较高的平衡的破碎和粉磨效率。该转速可根据磨机的直径通过计算得出，称为磨机的临界转速。通常磨机所选定的转速略低于临界转速。为了在同一转速下，一仓的衬板有较高的提升能力，将钢球或钢段提得较高，而二仓的研磨介质获得较好的滑动和研磨能力，通常一仓采用有一定提升能力的阶梯衬板。而二仓选用有一定分级作用的螺旋衬板、波纹衬板等。

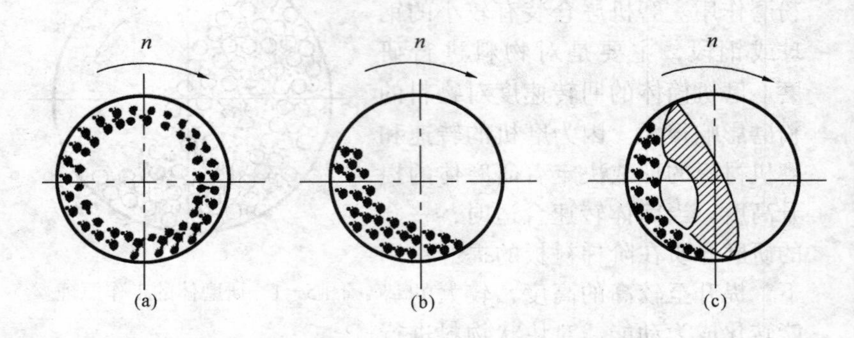

图 5－2　磨机转速不同时研磨体的运动状态

2．钢球磨机的特点

（1）适用于多数固体物料的粉磨，对于不同硬度的物料有较好的适应能力；

（2）适用于不同情况下作业，粉磨与烘干可同时进行，既适用于干法作业也适用于湿法作业；

（3）构造简单，易损件容易检查和更换；

（4）操作可靠，维护管理简单；

（5）工作效率低，筒体的有效容积利用率在 50% 以下，单位产量的能量消耗大，工作时噪声大，体型笨重，磨机转速低，减速机要求有较大的扭矩。

二、开路系统和闭路系统的比较

在粉磨过程中，当物料通过磨机后即为产品时，称为开路粉磨。当物料出磨后经过分级设备选出产品，而使粗料返回磨内再粉磨，称为粉磨的闭路系统。

开路系统的优点是流程简单、设备少、投资省、操作简便。其缺点是物料必须全部达到产品细度后才能出磨。因此，当要求产品细度较细时，已被磨细的物料将会产生过粉磨现象，细粉会在磨内形成缓冲垫层，有时甚至产生细粉包球糊磨现象，降低了粉磨效率，增加了粉磨电耗。

闭路系统的优点是：出磨物料经过分级设备能及时选出产品，从而可以减轻过粉磨现象，提高粉磨效率；同时，闭路系统的产品粒度较为均匀，且可以用调节分级设备的方法来改变产品细度。

经过选粉机后的粗料量与产品量之比称为闭路系统的循环负荷率。一般产品细度越细，选粉机的效率将呈现下降趋势，返回磨内粗粉的量也将增加，循环负荷率将提高。

在闭路粉磨时，由于要求出磨物料的细度较粗，一般采用短磨或中长磨与分级设备组成闭路系统。尾卸磨一般采用短磨，物料经一仓或二仓粉磨后从尾部卸出，经分级设备选出的粗粉返回磨头与原料一起入磨；中卸磨一般为中长磨，物料由第一仓经中部的卸料口卸出后，先经分级设备，然后将粗粉送入第二仓中（视情况，部分也可进第一仓）进行粉磨。其粉磨后的产物，也经中部卸料口卸出，然后进入选粉机进行粗细粉分离。与尾卸磨相比，在一定程度上，中卸磨的两个仓，如同公用一台选粉机的串联磨系统。由于其通过的气体量较大，粗细粉分离的周期较短，因而烘干和系统粉磨能力较强，但输送系统负荷较大，废气处理量也较大。由于物料在磨内平均停留时间较短，因而较适应水分稍大的物料，而不太适应易磨性较差的物料。

在小型管磨闭路粉磨系统中，尚有选粉设备兼有撒料装置和风扇的离心式选粉机在使用。但对于大型管磨的闭路粉磨系统中，多采用撒料装置和风扇装置分离的旋风式选粉机。而对于细度要求较高的水泥粉磨系统中，推荐采用在撒料和风选原理上有重大改进的高效选粉机。

第二节　辊式磨

辊式磨亦称立式磨。它与球磨相比不论从结构、粉磨机理、系统流程、工艺布置上，还是从自动控制、参数的确定、能源的消耗上，都存在着很大区别，它的某些优点是球磨机本身所不能相比的。随着水泥窑外分解技术的发展，辊式磨在现代化水泥厂得到越来越广泛的应用。到目前为止，世界上制造辊式磨的公司有一二十家，最著名的是莱歇公司和盖布尔·普菲公司，最大的辊式磨是日本宇部兴产业公司制造的 LM 50/40 原料磨。磨盘直径为 5 m，装有 4 个直径为 2 360 mm 的辊子，每个辊子重达 11 吨多，生产能力为 550 t/h，传动电动机功率高达 4 100 kW。

一、辊式磨的工作原理

辊式磨的工作原理是用两个到四个磨辊，把它们的轴紧固在摆杆上，使这些磨辊在水平磨盘上或在辗槽中进行辗压，较小的辊式磨机由连结在摆杆上的钢盘簧的作用使磨辊产生压力，而较大的辊式磨是由液压作用使磨辊对物料产生压力。

小型的辊式磨，如雷蒙磨，在传动系统动力作用下，辊子围绕磨盘轴心公转，同时在辊子和磨盘间摩擦力的作用下，辊子也围绕辊子轴自转。而大中型辊式磨则是在传动系统的作用下，磨盘围绕磨盘轴心转动，同时在磨盘和辊子间摩擦力的作用下，辊子也围绕辊子轴自转。

辊式磨从工艺布置上可划分为内循环和外循环两种形式。内循环工艺，如莱歇磨，原料从磨机上部喂入，落到磨盘中央，在离心力作用下，甩到辊子下边，在磨盘盘边的挡圈处形成一定厚度的料层，称为粉磨床。当物料处于磨盘的作业区时，受到机械挤压而被粉碎。对于大块物料的作用主要是挤压破碎，对于细颗粒则是研磨，粉磨后的物料越过挡圈从挡圈和磨机壳体间的缝隙落下。穿过缝隙的上升气流把物料带到磨机上部的离心式选粉机里进行粗细分离，粗粒落回粉磨室中央再次进行粉磨，细粉则随气流排出磨外。内设的锥形离心式或偏旋式分离器，把产品细度控制在400～40 μm。它由一个截锥转子组成，周围有一系列竖向风叶。转子周围是个锥形壳体，它控制着和引导着上升气流，转子在主轴上作低速回转，并使满载物料的空气流产生离心运动，气流中的粗粒撞到壳体内壁后滑下，落入磨内再行粉磨，细粉则随气流排出分离器。

热风从磨底沿切线方向进入磨内，以旋涡的形式上升，经过选粉机将磨细的物料带走。由于辊式磨的操作风量大，因此，辊式磨特别适于烘干兼粉磨。在水泥工厂中，可利用回转窑的废气作为热风来源，以降低能耗。变换分离器转子的转速和调整入磨风速，均可以有效地控制产品细度。

外循环的辊式磨从工艺布置上看，与内循环不同点是：粉磨后的物料不是由较高速度的上升热气流吹送至选粉机进行选粉，而是有约占磨机产量 50％的物料自然排出机外，由胶带输送机和提升机送至选粉机进行选粉。用于干燥和选粉的热风在通过挡圈和磨机壳体间的缝隙的喷嘴喷出时，速度大大下降，因此热气流的压降很低。由于采用机械提升的动力消耗大大低于风力提升的动力消耗水平，因此对于部分大型辊式磨宜采用外循环模式。

二、辊式磨与球磨的比较

从综合性能比较，辊式磨较球磨具有许多优点。

1．粉磨效率高

辊式磨是利用厚床原理粉磨，能量消耗较少，整个粉磨系统的电耗比球磨系统低 10％～12％。

2．烘干能力强

可以充分利用预热器的低温废气。由于热风从环缝中进入，风速高达 60～80 m/s，故烘干效率高。如采用热风炉的热源，可烘干含 15%～20% 水分的原料。而一般带烘干仓的球磨系统最大烘干水分为 8%（通常不超过 5%）。

3．入磨粒径大

物料入磨粒径与管磨机相比，有较好的适应能力，最大入磨粒径通常可按磨辊直径的 5% 计算，从而可放宽对破碎设备的要求。

4．生料的化学成分和细度控制更为有效

由于物料在辊式磨内停留时间仅 2～3 min，大大低于球磨机的 10～20 min。因此，对于检测滞后于控制的生料的化学成分控制，将由于时间滞后的缩短而大大提高控制精度。由于出磨生料的化学成分波动周期大大缩短，将有利于生料均化系统均化效率的提高，由于立磨能使合格的细粉及时分选出来，避免了过粉磨现象，产品粒度均匀，有利于水泥熟料的烧成。

5．占地面积小，占用空间小，噪声低

辊式磨及其传动系统比球磨机及其传动系统需要的空间和基础都小，这种磨连同它的旋风筒、空气加热器和管道系统所需总的建筑空间小于球磨机及选粉机；提升机和其他附属设备所需的总建筑空间。立式磨的运转较球磨机噪声低得多。近几年，我国建材机械装备水平有了长足的进步，辊式磨的国产化率的大幅度提高，易磨易损件的使用寿命大大延长，设备维修费用明显下降。工程设计中普遍采用辊式磨机的露天布置，大大节约了建筑经费。使采用辊式磨和管磨两种工艺方案就其总体投资和运转维修费用的比较，已经发生逆转。对于水泥预分解生产线，在原料条件可以使用辊式磨的生产线，应优先采用辊式磨。

应注意的是，辊式磨对磨蚀性差的物料适应能力差，硬度较高的物料将造成研磨部件的快速磨损，而研磨部件的制造费用和维修费用均较高。因此，辊式磨能否在水泥工厂中使用，必须经过严格的原料易磨性试验，以确定能否采用辊式磨。

第三节　干法生料粉磨系统

现代化的水泥窑外分解生产线生料粉磨系统一般都采用闭路烘干磨。烘干和粉磨过程在磨内同时进行。烘干大大降低了磨内物料的水分，避免了结团和包球现象的发生，从而提高了粉磨的效率。窑外分解系统约有 1.6 Nm^3/kgcl，温度为 350 ℃左右的窑尾废气可供利用，相当于约 500 kJ/kgcl 的热量，如果全部用来烘干生料，实际能烘干含水约 8% 的原料。为了降低生产热耗，干法生料粉磨系统应尽可能地充分利用窑尾废气。随着水泥工业的发展，烘干粉磨也在不断改进和提高，型式很多。现列举几种典型的球磨烘干粉磨系统。

一、风扫磨系统

风扫磨出现较早，流程也较其他系统相对简单，如图 5－3 所示。

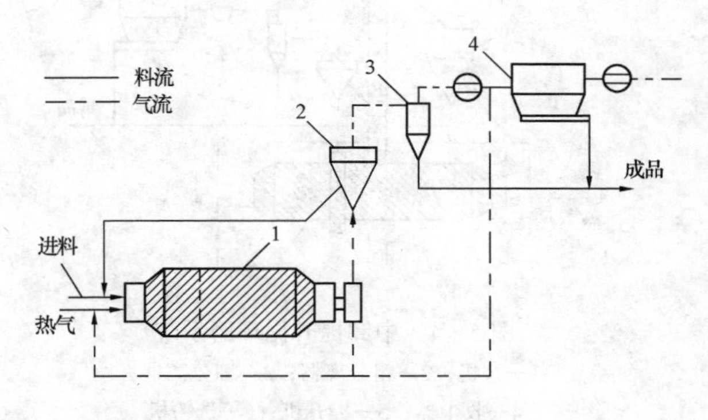

图 5－3　风扫磨系统图

1—磨机；2—粗粉分离器；3—细粉分离器；4—收尘器

风扫磨的长径比（L/D）较小，磨尾不设出料篦板，所以通风阻力小，粉磨仓内风速有时能达到 5 m/s 以上。能引入足量的热风，烘干能力强，一般利用窑尾废气可将 8%的原料水分烘干至0.5%。若另设热风炉则可烘干原料水分高达 15%左右。由于风扫磨内风速高，因此废气处理系统的能力和动力配置均需加大，粉磨物料的单位电耗将上升。

风扫磨一般为单仓，磨内衬板和研磨体级配要适应粗磨、细磨的不同要求。这样就要求入料粒径不宜过大，最好不大于 15 mm。较大规格的磨机才允许喂料粒径放宽到不大于25 mm。

二、中卸提升循环磨系统

中卸提升循环磨相当于二级圈流系统。流程图如图 5－4 所示。选粉机的回料大部分回入细磨仓，小部分回入粗磨仓，回入粗磨仓的目的，是为了改善冷料的流动性，同时也便于磨内物料的平衡。

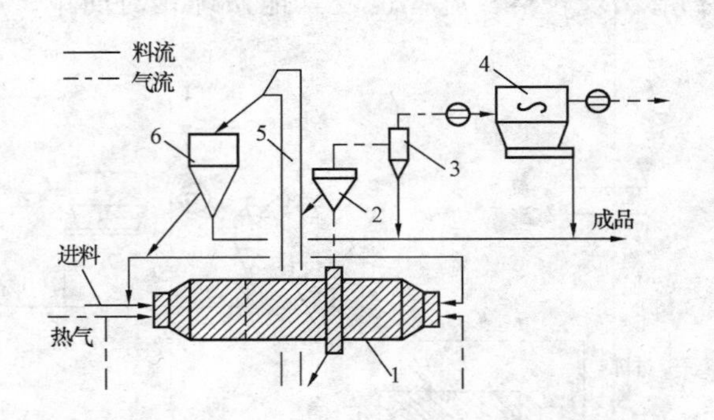

图 5－4　中卸提升循环磨系统

1—磨机；2—粗分离器；3—细分离器；
4—收尘器；5—提升机；6—选粉机

粗细磨仓的分开，目的在于最佳配球。这对原料的硬度、粒径适应性可以更好些。入磨物料粒径可以放宽到 25 mm，磨内过粉磨现象少，粉磨效率高。

中卸磨前端设有烘干仓，中间出料篦板的通风阻力比尾卸磨要小，热风又是从两端进磨，热风量几乎较尾卸磨提高近一倍，具有较强的烘干能力。热风有 80%～90%从磨头进入，小部分热风从磨尾进入。磨尾进风不仅有利于烘干物料中的残余水分，还可以提高细磨仓的出磨的风料温度，防止水蒸气冷凝。由于中间抽风，粗磨仓内风速高，细磨仓内风速低，更能适应磨内物料粒径的分布情况。这种系统，如利用 350 ℃左右的窑尾废气可烘干原料水分 6%～7%。如另设热风炉采用高温气体，可使烘干能力提高到 14%。为了避免这种磨机在窑系统未运转时没有热风提升磨机的烘干能力，可在开始运转前，准备一定量的较为干燥的原料，以保证没有窑系统热风供应时，系统能正常运转，一旦窑系统投入运转，就可以依靠窑系统的热风确保较湿物料的粉磨与烘干，从而节省热风炉的投资。

该系统的优点是烘干能力强，粉磨效率高。缺点是系统比较复杂，磨机中部卸料容易产生较多的漏风。

三、尾卸提升循环磨系统

尾卸提升循环磨系统和风扫磨的主要区别在于入磨物料通过烘干仓到粉磨仓的尾端，物料以机械方法排出，然后用提升机送入选粉机，粗料返回磨头。热风从磨头至磨尾从卸料罩抽出，经过粗粉分离器和收尘器排入大气。其流程见图 5-5。

尾卸提升循环磨，由于是机械方法卸料，通过磨机的空气量可以较少，另一方面，由于卸料篦子使通风阻力大，加之过高的风速，将加快磨内物料的流速，加大大颗粒物料的无效循环负荷。磨内风速应控制在 3～4 m/s。因此，该系统的烘干能力不如前两种系统。只用窑尾废气，仅能烘干 5%以下的物料水分。如果另设热风炉，也只能烘干 8%的水分。

这类磨机有单仓和双仓两种。单仓磨的入料粒径要小于 15 mm，双仓磨则可达 25 mm。

以上三种球磨系统就粉磨能力的大小来说，其顺序为中卸、尾卸、风扫；就烘干能力来说，其顺序为风扫、中卸、尾卸；对于易磨性差的物料的适应性而言，其顺序为尾卸磨、中卸磨和风扫磨。而这三种球磨系统所需处理的风量差别也很大。因此，应根据原料的易磨性和水分不同，选择不同的粉磨系统。

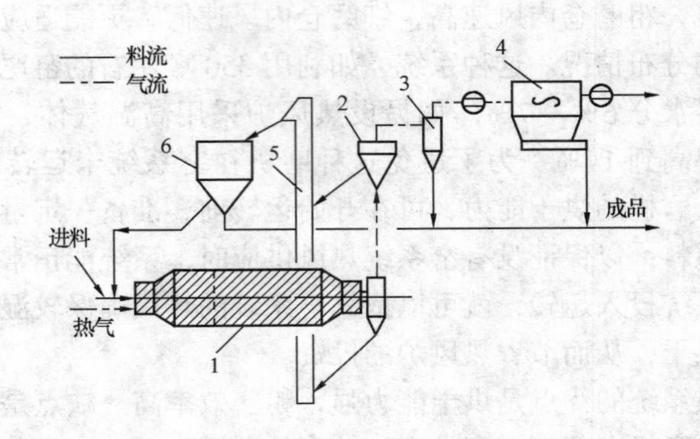

图 5-5 尾卸提升循环磨系统

1—磨机；2—粗分离器；3—细分离器；

4—收尘器；5—提升机；6—选粉机

第六章　粉状物料均化技术

在水泥工厂中，粉状物料的均化，主要是指生料和水泥两种粉状物料的均化。由于两种物料的均化在技术上很类似，因而通常以生料的均化的讨论取代两种物料均化的讨论。

生料均化是保证入窑生料成分均匀稳定的一种有效措施，在预分解窑现代化水泥工厂中一般都采用生料均化库把化学成分波动较大的出磨生料进行储存和均化，使入窑生料成分均齐，从而稳定窑的热工制度，提高窑的熟料产量和质量。

生料均化库是靠有一定压力的空气使库内的生料产生一定的流态化和有序的运动，从而实现不同时间入库、成分差异的生料之间的混合，达到均化的目的。为了使生料流态化，在库底板上安装上各种型式的充气装置，由于充气装置的不同以及操作程序的变化，形成了不同的均化方法和不同形式的生料均化库。

第一节　粉状物料均化的意义

1. 生料的均化

如果说，是生料成分的均匀和稳定，才使预分解窑的产品质量成功的超过了湿法水泥生产线；那么生料均化就是这一质量保证系统极其重要的一环。生料均化系统的主要目的是：

削减生料成分波动幅度，提高入窑生料合格率；调配生料成分，对于配料平均成分偏离目标值的，可以采用磨制调整料，搭配均化；生料均化系统的储存量，可确保生产的连续和稳定，确保回转窑系统有较高的运转率。

2．水泥的均化

水泥均化的目的：

水泥标号的均匀与稳定；加速水泥的安定；水泥均化系统的储存量将有益于水泥质量管理规程中对于的水泥储存的有关要求。

第二节　误差分布理论与均化效果的评价

1．误差分布理论及高斯分布函数

为了方便叙述，如不说明，以下讨论物料中某一成分时，均指生料中的CaO。

表述误差分布情况的方法很多，水泥工厂采用高斯分布函数和正态分布理论来表述比较全面和完善。这种表述方式在第4章中已有介绍，这里不再重复。如果我们以 X 为我们检测的样本的CaO分析值，X_0 为全体样本CaO成分的算术平均值，S 为全体样本的标准偏差，而 Y 为各个分析值发生的频度，则得出高斯正态分布函数的标准表达式：

$$Y = \frac{1}{s\sqrt{2\pi}} e^{\frac{-(X-X_0)^2}{2S^2}}$$

该式是正态分布密度函数的标准形式。该函数有一固定性质，对于我们估计误差分布在某一区间的概率将十分有利。我们对该函数进行一定区间内的定积分，如图6-1所示，令：

$$P = \int_{-\infty}^{+\infty} Ydx \qquad P_1 = \int_{X_0-S}^{X_0+S} Ydx$$

$$P_2 = \int_{X_0-2S}^{X_0+2S} Ydx \qquad P_3 = \int_{X_0-3S}^{X_0+3S} Ydx$$

无论函数取值怎样变化，下述关系始终成立：

$$\frac{P_1}{P} = 68.3\% \qquad \frac{P_2}{P} = 95.4\% \qquad \frac{P_3}{P} = 99.7\%$$

水泥工厂质量管理规程要求，入窑生料的 CaO 的偏差应小于0.3%，并且以此为标准，要求入窑生料的合格率应达到 80%。如果各生料样本的 CaO 算术平均值等于目标值，那么生料 CaO 合格率与 CaO 的标准偏差之间亦存在着如下关系，即：

当生料 CaO 标准偏差为 ± 0.3% 时，生料 CaO 合格率可达68.3%；

当生料 CaO 标准偏差为 ± 0.15% 时，生料 CaO 合格率可达95.4%；

当生料 CaO 标准偏差为 ± 0.1% 时，生料 CaO 合格率可达99.7%。

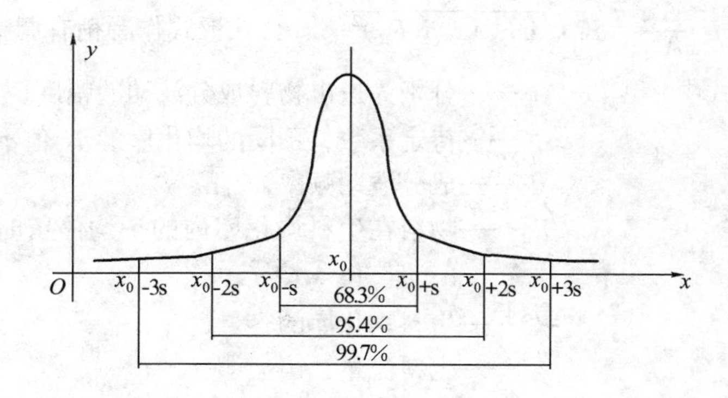

图 6 - 1

实际生料中 CaO 的平均值总是会少许偏离目标值，因此生料合格率要低于以上水平。既然生料合格率与标准偏差之间是如此密切的相关，因此我们采用标准偏差来表述生料中成分波动状态是科学合理的。

2．生料均化设施均化效率的评价

通常采用进出物料某一成分的标准偏差之比作为某一工艺环节的均化系数，亦即：

$$\eta = \frac{S_{进}}{S_{出}}$$

由于 $S_{进}$ 与 $S_{出}$ 均是生产中所需统计的数据，使用比较方便，这是目前生产中应用比较普遍的均化评价方法。但是在生产中这种评价方法也反映出种种不足。同一均化库，对于不同标准偏差的物料，表现出不同的均化系数；同一均化过程中依照各种不同成分的标准偏差来确定的均化系数也不同。

3．波幅均化理论与理想混合器

对于周期性波动，从理论上讲，可以将其处理为若干不同频率、不同波幅的正弦波叠加的结果，亦即周期性函数的傅立叶级数展开。由此出发，华夏夫斯基提出以进出均化库物料成分波动幅度之比来评价均化库的均化能力，即：

$$\eta=\frac{A_{进}}{A_{出}}=K\sqrt{1+(2\pi FT_{R})^{2}}$$ （公式形式作者稍有调整）

式中 $A_{进}$、$A_{出}$——分别为进出物料成分波动的幅度；

K——待定系数，不同的均化库的 K 值不同；

F——成分波动频率，1/h。

T_{R}——物料在生料均化库内的平均停留时间；h；且 $T_{R}=Q/I$

Q——生料均化库的容量，t；

I——生料流量，t/h。

我们将以上公式再加以技术处理，则可得到更为直接的表达式。

当 $2\pi FT_{R}>>1$ 时

$$\eta=\frac{A_{进}}{A_{出}}=K\sqrt{1+(2\pi FT_{R})^{2}}=K2\pi FT_{R}=K\frac{2\pi FQ}{I}$$

这一公式就是丹麦史密斯公司的均化库的均化公式。这实际上是将均化库与理想混合器比较。评价公式如果取消前面的系数 K，则为理想混合器的波幅衰减公式。所谓的理想混合器是指物料连续进出，物料处于全混状态的混合器。这种评价方法对于多数工厂来说，没有以标准偏差的比较来得方便，但这个公式确定了均化能力、物料成分波动状态及物料在库内停留时间三者之间的定量的关系，从中不难得出以下推论：

·生料成分波动频率越高，亦即波动周期越小，均化效果越好。因此提高均化库的均化能力，不能仅着眼于均化设施，确定合理的生料成分控制系统，缩小生料成分波动周期，是提高生料均化设施的均化效率及入窑生料合格率的重要手段。

·生料在均化库内平均停留越长，均化效果越好。加大库容有利于提高均化效率，多库搭配优于单库放料。间歇式均化库，可认为平均停留时间无限长，会得到较好的均化效果。

在水泥生产中，只有湿法厂的大料浆池才比较接近理想混合器的连续全混状态。而水泥工业使用的连续式均化库，史密斯公司对于 K 的推荐值为0.1～0.35。

4．物料成分波动周期和累积误差

一般，广义的波动周期概念是生料某一成分的累积平均值与目标值两次相交所经历的时间。这里应该特别强调生料成分的波动周期，在许多水泥工厂的生产控制中，还是一个不太为人们所重视的指标。实际上，它不但对于生料均化库（或储库）的均化系数有关，而且对于生料均化库的累积平均值能否尽可能接近目标值，有着重要作用。也就是说波动周期小的物料流，其累积误差较小，经过均化，其平均值将更接近目标值。

5．均化库对于生料成分的调整控制

在均化系统中，全混状态是均化库追求的理想。但常常是出均化库的生料成分标准偏差很小，但生料合格率并不高。造成这种现象的原因是生料中 CaO 的平均值偏离了其目标值。

对于间歇式均化库，毋庸置疑，总是可以加入校正原料，通过强化复搅来实现其目标值。对于连续式均化库来说，由于物料成分变化的惯性滞后，使得这种控制表现出一定的难度。但也可以通过自倒库系统，使生料成分的惯性滞后，得到一定程度的缓解。

第三节　各具特色的均化库

为了使用较少的投资和运营费用，取得尽可能好的均化效果，适应各种不同的工艺条件，近年来发展与引进了一系列性能各异的粉状物料均化库。

一、间歇式空气搅拌均化库

间歇式均化库均化过程是间歇进行的。数百吨生料进入库内后，均化库内各个扇形区域将按既定的规则和次序（一强几弱或二强几弱）通入不同流量的压缩空气，使库内粉状物料处于程度不同的流态化状态，上下翻腾、径向对流，扩散 1～2 小时，使全库物料较好的混合，达到成分均匀的目的。在发现均化后的物料成分与目标值差超过要求时，可加入少量校正物料进行复搅，复搅的时间要适当延长。复搅将导致电耗的大幅度上升。因此采用间歇式均化库，也需要有效地控制出磨生料质量。ZH 厂的出磨生料钙铁合格率一般约 20%～30%，但使用间歇式均化库，入窑生料合格率可达到 90%以上，但复搅的概率较高。而 H 厂采用间歇式均化库，仍然努力致力于生料配料系统的技术改造，在出磨生料合格率为 60%时，经过间歇库 20～30 分钟的搅拌，入窑生料合格率高达 90%以上。

间歇式均化库结构简单，操作方便，均化效果好，而且可对生料的成分进行调整与控制。这种均化库的缺点是投资较大，运转电耗较高。在新建的水泥预分解生产线基本不会考虑它的应用，但部分特种水泥厂由于生产工艺的特殊要求，有可能还需采用这种类型的均化库与之配套。

由于各个间歇式均化库并不能保证其平均成分等于目标值，本身也尚有一定幅度的波动，而各个间歇库的平均成分也有差异，因此各个间歇库或储存库应相互搭配。

二、连续式均化库

连续式生料均化库的工艺特点是生料均化作业的连续化。成分波动的出磨生料连续入库的同时，连续不断的卸出成分均匀的生料。考虑投资与运转费用，我国现在发展的主要是以下所述的几种混合室型连续均化库。

1．鄂城型均化库

如图6－2所示，鄂城型均化库是典型的混合室均化库，混合室置于均化库内，以溢流方式卸料。均化库底板设置充气箱，并划分为若干扇形区域。磨机磨制的生料直接送至均化库，由生料分配器和放射状分布的空气斜槽送至库内不同部位。当某一或某几个扇形区域内通入低压空气后，各个区域的生料将以不同的速度下卸进入混合室，从而在库内实现了第一步的宏观的重力均化。在混合室内，经过预均化的生料将受到空气的剧烈搅拌，实现了第二步的微观均化后出库。

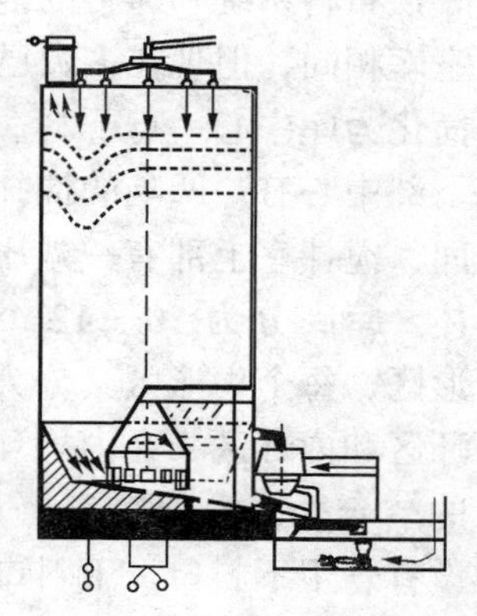

图6－2　混合室连续均化库立体及剖面图

在第一步，生料依靠漏斗流—物料卸出过程中的速度差实现重力均化。为了保证较好的消除长周期成分波动，一般说，库容应保证在库内的平均停留时间为其成分波动周期的8～10倍左右。而作为生料磨的缓冲环节而言，库容量应保证窑系统2.5～3天的需要量。为了实现较大的鼠洞流趋势，库的高径比应控制在1.5～2.5之间，小容量均化库的高径比应取较小值。混合室的容积倾向于窑系统1小时的需要量。近年来，由于生料质量控制水平的提高和生料制备系统装备条件的改善，库容量有缩小的趋势。

由于均化库的扇形区域内，内外环区域的阻力差别较大，较容易出现内环处流化风的“短路”问题，从而造成外环区域的大面积死区，影响均化效果。因而鄂城型均化库的规格很难放大。而充气箱的密封不严或充气箱滤布的破损，又往往造成大面积充气箱被物料充塞。采用以下所述的MF库和CF库的原理对其进行改造，实属必要。

2. 多点流均化库（MF Silo）

如图6－3所示，MF库顶布料系统和通常的混合室库相同，但现在多数已经简化为库中心一点下料。库下部中心有一凹陷的搅拌空间，搅拌室上部有一减压锥体。库底分为10～12个扇形区，每个扇形区又分为外环区和内环区，在内外环区的结合处，沿着整个圆周，设有若干下料口。下料口下有隧道形的空气输送斜槽，将物料送至混合室。MF库的内外环的小区的布风箱分别由库底的阀门分别供气，避免了鄂城型均化库较易出现的外环死区现象。当库容量为容纳生料波动周期内物料的5～7倍时，均化系数可达8，而均化电耗仅为0.1 kWh/t。我国引进了MF库的设计软件及硬件的生产技术，可以自行制造从 ϕ10 m至 ϕ18 m各种规格的MF库。

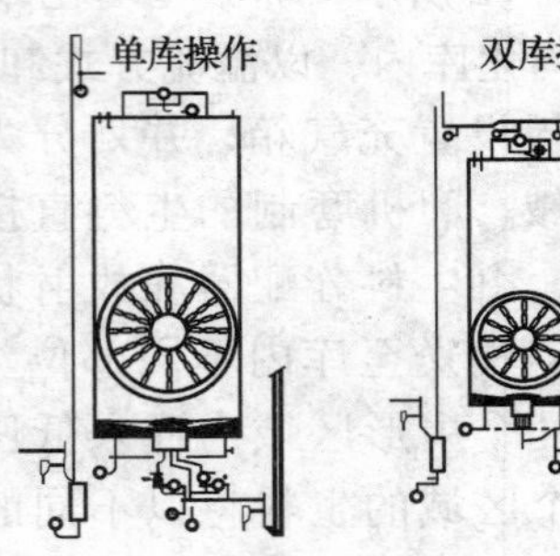

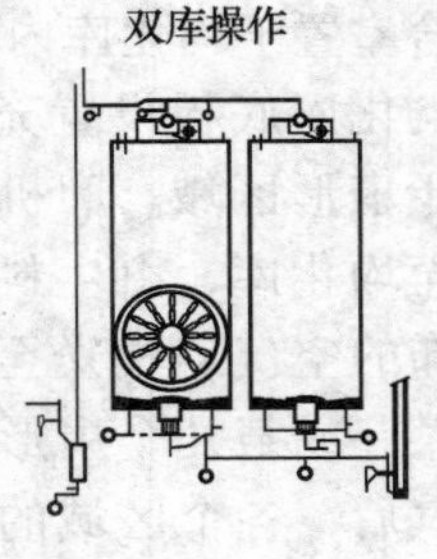

图6－3　多点流均化库

3. 控制流均化库（CF Silo）

见图6－4，控制流均化库库顶的结构与MF库基本相同。库底设置了7个下料口，并以7个下料口为中心，在其周围划分为若干个充气小区，各个小区的充气箱由独立的控制阀控制松动空气。与MF库不同的是：

·通往混合室的空气输送斜槽移至库外。它的均化过程与MF库类似。但由于卸料斜槽布置在库外，易于检修，确保了均化库的长期稳定运转。

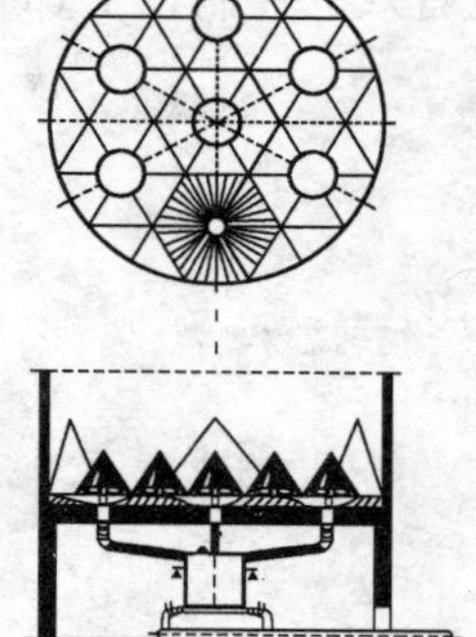
图6-4　控制流均化库

·混合室置于大负荷的传感器之上，使混合室兼有计量仓的功能，而在其下安排有粉状物料的动态流量计量系统，使均化后的生料，经过控制和计量环节，直接入窑，大大简化了从均化库至预热器系统的工艺流程。

4. 伊堡库（IBAO Silo）

如图6-5所示，伊堡库混合室与CF库有一定程度的相似，兼有混合室和计量仓的两种功能。但其库采用了库中心的倒锥形式，大大减少了库底充气面积，降低了运转电耗，也提高了其工作的可靠性。在大流量的条件下，目前采用的电动调节阀和冲击式流量计的流量控制模式，其计量并不稳定。但冲击式流量计的计量时间滞后很小，反馈调节很及时，使出库生料的流量呈现围绕目标值高频震荡的形式。因此通过一定距离的输送设备的输送，入窑生料的流量通过输送设备的稳流，流量的精度和稳定性，将达到我们能够接受的程度。

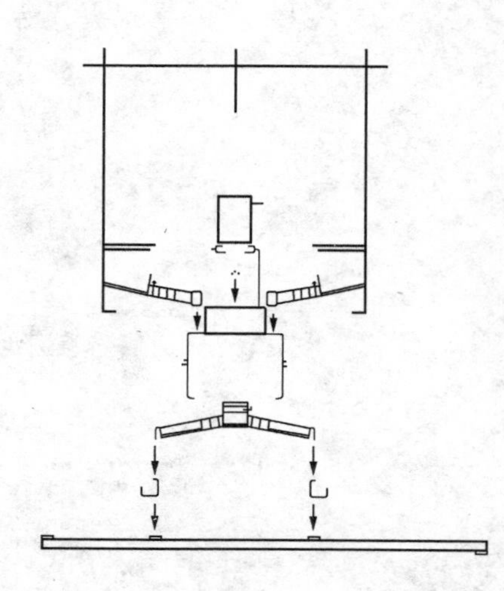
图6-5　伊宝库混合室

我国现有的均化库，使用效果参差不齐，相当一部分生产线上的均化库，程度不同地出现了充气箱的布风板堵塞和库壁的黏壁现象，大大影响了均化库的均化效率。因此生料水分应有效的控制在1%以下。

第七章　燃料的制备

现代水泥预分解窑系统，通常由预均化、煤粉制备和煤粉计量与输送三个系统组成。三个系统分别实现下述三个工艺目标：燃煤热值、灰分和挥发分的稳定；制备满足工艺要求的一定细度的煤粉，以满足烧成系统强化煅烧的需要；对煤粉的流量实行有效的计量和控制，并分别送入回转窑和分解炉。

第一节　燃煤的储存与预均化

为了减轻燃煤发热量灰分的波动对熟料煅烧过程的影响，现代化水泥厂均有可靠的工艺措施对燃煤进行预均化。并以较大的储存量作为生产工艺中的缓冲环节。

燃煤预均化与石灰石等原料的预均化类似，多采用矩形或圆形预均化堆场。由于燃煤的日需要量远远低于原料的日需要量，因此在一定程度上，燃煤预均化堆场可认为是一个规格缩小的原料预均化堆场。由于燃煤较易自然扬尘和自燃，在设计中应考虑必要的减尘和防火措施。考虑部分燃煤在储存过程中有一定量的CO和硫化氢气体的排出，燃煤预均化堆场应注意建筑物的通风，以确保巡检人员的安全。

第二节　煤粉制备

原煤不能直接用于回转窑煅烧，必须用煤磨将含有一定水分的原煤烘干粉磨成细度为88 μm筛余10%左右、水分小于1%的煤粉。这样，燃煤在回转窑和分解炉中，才能迅速燃烧，充分燃尽，保证正常的煅烧温度，取得较高的热利用率。

一、煤粉制备系统的选择

煤粉制备系统有直吹式，间接供应式（中间仓式）和中间仓泵送式三种形式。

1. 直吹式系统的出磨废气和其所携带的煤粉由煤磨排风机直接吹入窑内，煤磨的废气全部用做喷煤管的一次风，不设煤粉中间储存仓。这种系统最大的好处是流程简单，工艺可靠，但它通常只能保证一个用煤点的用煤，且通常一次风量较大，影响了窑系统的热效率。

2. 中间仓式系统设有煤粉中间储存仓，出风扫煤磨的废气经过粗粉分离器，将粗颗粒煤粉分离出后，送回煤磨再行粉磨，然后旋风分离器将废气中满足要求的煤粉大部分分离出来并存入中间仓内。中间仓定量卸出的煤粉直接送入喷煤管。这种形式通常用于一个用煤点的需场合，设备较少，工作也较可靠。我国的湿法窑系统、干法中空窑系统、预热器窑系统，许多均采用这种系统。

3. 第三种形式即带中间仓的煤粉泵送系统，它用罗茨风机的中压风和螺旋泵将煤粉仓定量卸出的煤粉可分送到窑头和窑尾分解炉两个或两个以上的用煤点，现代预分解窑系统基本采用这种形式。采用这种形式（1）在总图上可灵活地布置煤粉制备系统；（2）可很方便地实现一台煤磨系统供应两个以上的用煤点；（3）可集中安排煤粉的计量和控制环节，有利于管理；（4）可有效地降低一次风量，提高窑系统的热效率。

如图 7－1 所示，为了保持煤粉较低的水分和简化煤粉制备系统，煤磨采用风扫磨或辊式磨。以风扫磨为例，原煤从原煤仓经喂料机送入磨内，原煤在磨内同时完成烘干和粉磨两个工艺过程。一定粒径的煤粉随风进入粗粉分离器实现粗细分离。粗粉返回磨头重新粉磨，细粉随废气进入旋风收尘器和袋式收尘器，废气经净化后排放，旋风筒和袋收尘器收下的即为成品煤粉。成品煤粉经螺旋输送机送入煤粉中间仓储存。两个中间仓分别置于重力传感器之上，从而实现了对煤粉中间仓的料位的连续测量。在煤粉仓不进煤粉时，可以用静态计量的方式，高精度的计量仓内煤粉的动态减量，以此作为下部动态流量计量设备的标定依据。正常工作时，由中间仓底部设置计量装置，将煤粉按设定的流量卸出后送入螺旋泵，由罗茨风机的中压风分别把煤粉送到窑头和窑尾的用煤点。煤磨使用的烘干热源为窑尾废气，为了在未开窑时，确保煤粉制备系统的正常工作，通常可储存少量的较干的燃煤供开窑时使用，从而可省去投资不少，却很少使用的热风炉。为了使煤粉计量及控制的环节准确与稳定，应严格控制煤粉的水分和煤粉仓内料位的稳定，并定期对计量设备进行标定。

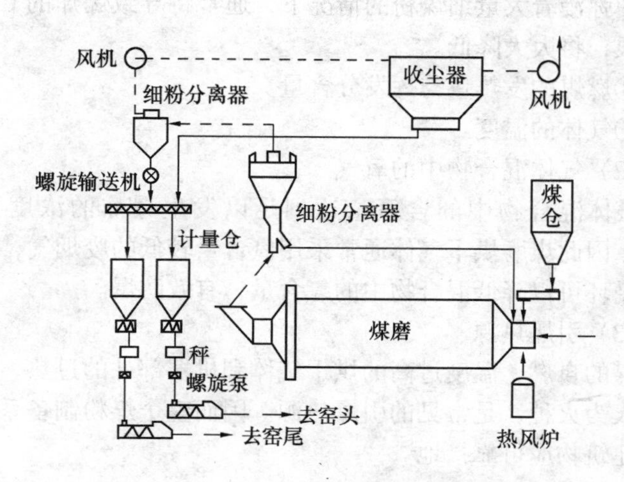

图 7－1　带中间仓的煤粉泵送系统

二、煤粉制备的防爆问题

1．爆炸产生的原因

煤的粉磨需要十分小心，以防止煤粉的爆炸。以下三则为发生爆炸的充分必要条件：

（1）气体混合物中的可燃物浓度达到爆炸的极限；

（2）气体混合物中的氧含量达到足以发生爆炸的程度；

（3）混合物中引入了具有一定能级的启爆热源。

2．爆炸产生的条件

（1）煤粉浓度

气体混合物中煤粉浓度的爆炸极限为150～1 500 g/Nm^3。这个范围的高或低取决于：

①煤粉的细度，煤粉越细，越易发生爆燃，应有有效的防止煤粉积存的措施。

②可燃的气固混合物中，可燃气体的种类和含量。通常采用单一的CO的浓度作为指示是不全面的，在有其他可燃性气体和气体中弥漫着大量细煤粉的情况下，通常将导致爆炸的CO浓度的下限，将大大降低。

③燃煤的发热量与挥发分含量。

④气体的温度。

（2）气体混合物中的氧气

气体混合物中的含氧量达到足以发生爆炸的浓度下限为14%。因此煤磨烘干气体通常采用氧含量较低的废烟气，部分废气的循环可以降低混合物中的氧含量，有效防爆。

（3）引爆热源

煤的自燃，温度过高的烘干气体和机器部件的过热、电火花以及人为火种，是常见的引爆热源。因而整个煤粉制备系统的设备及建筑物应可靠接地。

3．爆炸的防范

从理论上讲，爆炸的充分必要条件中一个因素不存在时，就足以防止煤粉爆炸。但在实际上，由于种种原因，对于条件的成熟，往往疏于监测，也很难及时准确的监测，因此对于任何一个原因均应加强防范。

煤磨车间容易发生爆炸事故，这是设计煤粉制备系统必须考虑的问题。目前主要从以下几方面采取措施：一是消除系统内的死角，防止煤粉在系统各部分的长时间滞留引起自燃；二是利用一氧化碳测定仪和热偶进行爆炸参数的实时检测；三是设置惰性气体灭火装置和隔绝空气等及时熄灭火种；四是设置防爆阀及时卸压，减轻爆炸烈度，缩小爆炸事故面，减轻爆炸损失。只要防范措施真正到位，这些多重防爆措施将使煤的粉磨易爆这个问题基本上得到控制。

第八章　熟料烧成

水泥熟料的煅烧是水泥生产的重要环节。水泥生产过程中，前一些工序如原料预均化、生料制备与均化以及煤粉制备等都是为了给熟料烧成能优质、高产、低消耗提供条件的。而水泥熟料的产、质量直接影响水泥的产、质量以及水泥生产成本。

第一节　煅烧过程的物理化学变化

如前所述，水泥熟料的主要矿物组成是 C_3S、C_2S、C_3A 和 C_4AF 等。这些矿物是如何形成，形成过程中发生哪些物理化学变化，哪些因素影响这些矿物的形成，均是在烧成过程中应予充分注意的问题。

一、生料的脱水和分解

生料中的黏土矿物一般含有各种水化硅酸铝，如高岭土（$2SiO_2 \cdot Al_2O_3 \cdot 2H_2O$）及蒙脱石（$4SiO_2 \cdot Al_2O_3 \cdot 4H_2O$），有些黏土也含有少量长石、云石和石英砂，但大部分黏土属于高岭土类。高岭土加热时，从 100 ℃开始失去自由水。当温度升高至 500～600 ℃时，高岭土失去结构水变为偏高岭土（$Al_2O_3 \cdot 2SiO_2$），并进一步分解为化学活性较高的无定形的氧化铝和氧化硅。其反应如下：

$$2SiO_2 \cdot Al_2O_3 \cdot 2H_2O \xrightarrow{\text{加热}} Al_2O_3 \cdot 2SiO_2 + 2H_2O \uparrow$$

$$Al_2O_3 \cdot 2SiO_2 \xrightarrow{\text{加热}} Al_2O_3 + 2SiO_2$$

脱水后的高岭土具有很高的分散度和较高的化学活性，为下一步与氧化钙反应创造了有利的条件。

二、碳酸盐分解

生产中的碳酸钙与碳酸镁在煅烧过程中都要分解出二氧化碳，其反应如下：

$$MgCO_3 \xrightarrow{600\ ℃\sim700\ ℃} MgO + CO_2$$

$$CaCO_3 \xrightarrow{900\ ℃} CaO + CO_2$$

碳酸钙是生料中的主要成分，分解吸收的热量约占预分解窑热耗的一半以上，碳酸钙在预分解系统内的分解时间与分解率都将影响熟料的烧成。

三、固相反应

黏土和石灰石分解以后分别生成 CaO、MgO、SiO_2、Al_2O_3 等氧化物，这些氧化物在低于 800 ℃时就开始反应形成 CA、C_2F 与 C_2S，800～900 ℃时开始形成 $C_{12}A_7$，900～1 000 ℃时 C_2AS 形成，并随之分解，开始形成 C_3A、C_4AF。1 100～1 200 ℃时大量形成 C_3A 与 C_4AF，同时 C_2S 含量达最大值。

从以上化学反应的温度不难发现，这些反应温度都小于反应物和生成物的熔点，（如 CaO、SiO_2 与 $2CaO·SiO_2$ 的熔点分别为 2 570 ℃，1 713 ℃与 2 130 ℃）。也就是说物料在以上这些反应过程中都没有融熔状态物出现，反应是在固体状态下进行的。固相反应中，各成分间的反应仅限于颗粒间相互接触的表面，决定固相反应速度的因素主要有：

· 温度越高，固相反应速度越快；

· 产物的浓度（如 CO_2 浓度）越低，逆反应的速度越低，固相反应速度越快；

· 有缺陷的或不稳定的晶体比正常稳定的晶体反应速度快；

· 生料粒度细，物料表面增加的同时表面能增加，可加速固相反应。

四、烧成

1. 熟料的烧成过程

物料温度在 1 300 ℃以上时，物料开始出现一定的液相，在固相反应的条件下难于进行的一部分化学反应开始加快进行。铁铝酸四钙、铝酸三钙、氧化镁及碱质开始熔融，氧化钙和硅酸二钙融入液相中。

在液相中，硅酸二钙和氧化钙发生反应生成硅酸三钙，这一过程称为石灰吸收。达到 1 450 ℃时，游离石灰得到充分吸收。其反应式如下：

$$2CaO \cdot SiO_2 + CaO \rightarrow 3CaO \cdot SiO_2$$

在 1 450～1 300 ℃降温过程中，主要是阿利特晶体的长大与完善过程。直到物料温度降到 1 300 ℃以下时，液相开始凝固，硅酸三钙生成反应也就结束。这时，物料中还有少量未与硅酸二钙化合的氧化钙，称为游离氧化钙。

2. 液相量和液相黏度

根据熟料形成过程可知，只有当物料出现液相时，硅酸三钙才能较迅速地生成。熟料中液相量的多少和黏度的大小，主要取决于窑内温度高低、组分的性质与相对密度。

(1) 开始出现液相的温度

物料在升温过程中，开始出现液相的温度与生料矿物组分数有关，组分数增加，液相出现的温度降低。尤其是组分中低熔点矿物的比例增加时，液相出现的温度更要降低。

以下试验数据说明了组分数与液相出现温度之间的关系，见表 8－1。

由表 8－1 可以看出，组分的性质与数目都影响液相出现的温度，硅酸盐水泥熟料由于含有钙、碱、硫等其他组分，因此其液相出现温度约为 1 250～1 280 ℃。

表 8-1 组分

组　　分	开始出现液相温度（℃）
$C_3S—C_2S$	2 050
$C_3S—C_2S—C_3A$	1 455
$C_3S—C_2S—C_3A—C_4AF$	1 338
$C_3S—C_2S—C_3A—MgO—Fe_2O_3$	1 300
$C_3S—C_2S—C_3A—Na_2O—MgO—Fe_2O_3$	1 280

(2) 液相量

熟料煅烧过程中生成液相量与生料的化学成分和煅烧温度有关。温度升高，液相量增加。

一般硅酸盐水泥熟料成分生成的液相量可近似用下式进行计算。

当烧成温度为 1 400 ℃时：

$$W = 2.95A + 2.2F + a + b$$

当烧成温度为 1 450 ℃时：

$$W = 3.0A + 2.25F + a + b$$

式中 W —— 液相百分含量（%）

A ——熟料中 Al_2O_3 百分含量（%）

F ——熟料中 Fe_2O_3 百分含量（%）

a ——熟料中 MgO 百分含量（%）

b ——熟料中 R_2O 百分含量（%）

上述计算式说明，影响液相量的主要成分是 Al_2O_3、Fe_2O_3、MgO 和 R_2O。但后两者为有害成分，对其含量有严格限制。

(3) 液相黏度

液相黏度对 C_3S 形成有很大影响，黏度越小，液相中 C_2S 和 CaO 分子的扩散速度增加，有利于 C_3S 的形成。但液相黏度过小，易发生结大块和窑壁、炉壁的不正常黏结，使煅烧操作发生困难。

液相黏度随温度和组成而变化。温度升高，黏度下降。铝氧率增加，黏度增加。铝氧率降低，液相黏度大大降低。

五、冷却

熟料烧成后，要进行快速冷却。快速冷却的目的在于改进熟料质量；提高熟料的易磨性；回收熟料余热，降低热耗，提高烧成系统的热效率；冷却的熟料，有利于运输、储存和粉磨。

熟料冷却的速度，对熟料质量影响很大。主要有以下几点：

1. 急冷能防止或减少 $\beta-C_2S$ 转化成 $\gamma-C_2S$

C_2S 由于结构排列不同，因此有不同的结晶形态，而且相互之间发生转化。煅烧时形成的 $\beta-C_2S$ 在冷却过程中若慢冷就易转化成 $\gamma-C_2S$。$\beta-C_2S$ 相对密度为 3.28 而 $\gamma-C_2S$ 相对密度为 2.97，其体积比 $\beta-C_2S$ 增加 10%。由于体积的增加产生了膨胀应力使熟料粉化。而且 $\gamma-C_2S$ 几乎没有强度，因此粉化料属废品。当熟料快冷时，一方面很快越过晶型转变温度，同时快冷时玻璃体较多，这些玻璃体包围了 $\beta-C_2S$ 晶体，阻止 $\beta-C_2S$ 的转变。所以急冷能防止或减少 $\beta-C_2S$ 转化成 $\gamma-C_2S$。

2. 急冷能防止或减少 C_3S 的分解

当温度低于 1 260～1 280 ℃以下，C_3S 不稳定，尤其在 1 250 ℃时 C_3S 易分解成 C_2S 和游离 CaO，使熟料强度降低，游离 CaO 增加。当熟料急冷时，很快越过其分解温度，就能防止或减少 C_3S 的分解。

3. 急冷能防止或减少 MgO 的破坏作用

当熟料慢冷时，MgO 结晶成方镁石，水化速度很慢，往往几年后还在水化。水化后生成 $Mg(OH)_2$ 体积比 MgO 大，使水泥制件发生膨胀，因而遭到破坏。当熟料急冷时，MgO 包裹在玻璃体中，或者即使结晶，晶体也非常小，其水化速度与其他组分大致相同，这样水泥制件就不会胀裂。

4. 急冷使熟料中 C_3A 结晶体减少

急冷时，C_3A 来不及结晶出来，而存在于玻璃体中，或结晶很少。结晶型的 C_3A 水化后易使水泥浆快凝，而非结晶的 C_3A 水化后，不会使水泥浆快凝。因此，急冷的熟料磨制的水泥加水后不会快凝，容易掌握其凝结时间。

5. 急冷熟料易磨性提高

由于急冷，熟料内部产生内应力，因此使易磨性提高。

第二节　熟料煅烧

煅烧熟料的方法很多，就现代化水泥厂熟料煅烧技术来说，不外乎悬浮预热器窑和在此基础上发展起来的窑外分解技术。

一、悬浮预热器

悬浮预热器窑由一台回转窑和一组悬浮预热器构成。生料粉在预热器内呈悬浮状态与出回转窑的热烟气进行热交换，被加热至800 ℃左右，完成预热、黏土脱水分解和部分碳酸盐分解之后，再落入回转窑进行煅烧。采用悬浮换热的方法预热生料，具有许多明显的优点。1950 年这种窑发明后不久，便得到迅速推广，并为后来窑外分解技术的产生打下了基础，是水泥煅烧技术的一项突破性的进展。尽管目前世界范围内，大型化水泥厂是预分解技术一统天下，但在 1 000 t/d 以下的熟料生产线中，悬浮预热器窑依然占据了主导地位，尤其是 700 t/d 以下的熟料生产线中，几乎都是悬浮预热器窑。

悬浮预热器从形式上分有旋风预热器和立筒预热器两种。在预热器中，由于生料的高度分散，粉体颗粒与气体接触面积大，热交换好，所以系统的热效率远比中空窑高。

1. 旋风预热器

图 8－1 是四级旋风预热器回转窑系统的流程及各级旋风预热器的气体、物料温度变化情况。

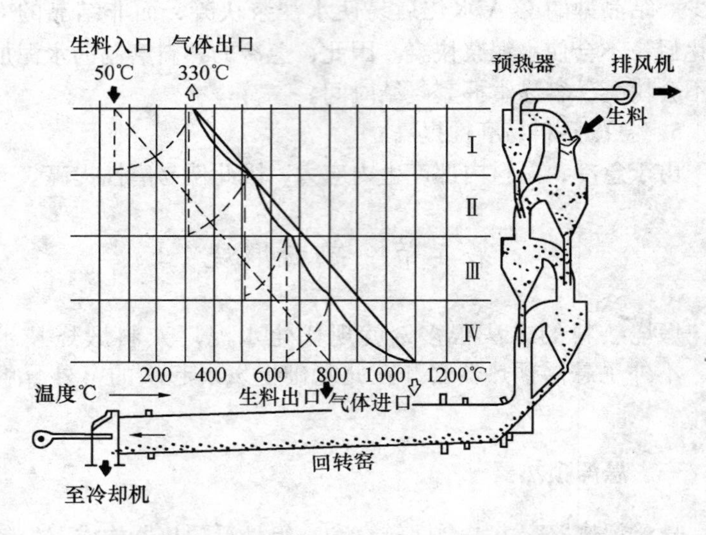

图 8－1　各级旋风预热器的气体和物料温度

由图可见，旋风预热器由上下排列的四级或五级旋风筒组成。为了提高收尘效率，最上一级旋风筒为双筒，各旋风筒之间用管道连接。每个旋风筒和相连接的管道形成一级预热器。通常预热器由上而下顺序编号为第一至第四级或第五级。旋风筒的卸料口仍用料管与下一级的气体管道连接。

生料首先喂入一级旋风筒入口的上升管道内，在管道内生料充分分散并与上升的热气流逆向运行，在湍流状态下进行了气固相间的充分的热交换，生料将改变运行方向，随热风上行，在旋风筒入口处，气固相的温度将接近平衡。一级旋风筒将气体和生料分离，收下的生料经卸料管进入二级旋风筒的上升管道内进行第二轮加热，再经二级旋风筒分离，如此依次经过四级或五级旋风预热器进入回转窑内进行煅烧。窑尾出口的废气温度约为1 050~1 100 ℃，经各级预热器热交换后，废气温度降至 350 ℃以下，然后经增湿塔、收尘器，再由排风机排入大气。50 ℃左右的生料，经各级预热器预热至750 ℃到 800 ℃进入回转窑或分解炉中。

在旋风预热器的各级管道和旋风筒中，就每一级预热器而言，气固热交换主要发生在上升管道由逆流向向顺流状态变化中，粉体颗粒在上升管道停留的 2~3 秒钟内，完成了该级预热器 80%以上的热交换。但从预热器系统宏观整体来看，热交换则是在气固逆流状态中进行的。这种由几组顺流微观热交换和宏观逆流热交换组合的热交换系统，不论从理论上还是实践中，其传热效率都是比较高的。

旋风预热器内气固相间的传热主要在管道中进行的，占总传热量的 87.5%~94%，而旋风筒只占 6%~12.5%，这主要是由于物料刚进入管道时，处于悬浮过程的加速运动阶段，气固相之间的相对速度较高，可达气流速度的 0.8~0.9 倍，甚至在很短的期间内超过气流速度（固体状态的生料在刚进入管道时，有一定量的下冲，但速度很快由下冲变为上行，加速度很高)，管道内气固相之间平均温差也较大，因而传热系速度很高。而在旋风预热器内，粉体颗粒与气体的相对速度很小，温差也很小，热交换处于平缓平衡阶段。各级预热器中的旋风筒则主要承担气固分离的任务，从而为下一级的旋风预热器的管道加热作好准备。

影响热交换效率的因素主要有：生料的分散度、管道的合适长度及风速、系统的漏风系数和旋风筒的收尘效率。工程设计和操作中，这些均应给予充分注意。

为了使生料能够比较充分的分散、悬浮于管道内的气流中，从而加速气固相之间的传热，必须注意以下几点：

（1）在生料进入每级预热器的上升管道处，管道内应安装生料分散装置，如可调节插板、缩口以及特殊的新型分散装置等，使生料冲击在这些装置上，少量的生料粉团发生破碎，并均匀分散在管道的气流中去，从而加强管道的气固相混合。

(2) 选择物料进入管道合适的方位。应使生料逆流方向进入管道，以提高气固相的相对速度和生料在管道内的停留时间。同时，进料点位置应尽可能靠近下一级旋风筒出口，使生料在管道内有尽可能多的停留时间，但又不致于发生“短路”，直接落入下一级旋风筒。进料口位置高度，应视产量与规格而定，但一般距下级旋风筒的气体出口不应小于1.0 m。

(3) 两级旋风筒之间管道应有足够的长度，以保证生料悬浮起来，并在管道里有足够的运行距离，充分发挥在管道内传热的优势。

(4) 悬风筒下部的闪动阀，必须运动灵活，同时，闪动阀应避免漏风，这样既可提高旋风筒的收尘效率，又由于物料连续卸出，进入管道容易被气流冲散而均匀的悬浮于气流中。

(5) 为了保证高温状态下的最后两级旋风预热器的锥体不因生料的滞留而结皮黏结，有的预热器在锥体的下部设有膨胀仓，减少旋转的高温气流对于贴近管壁的滞留的物料的加热。在膨胀仓和旋风筒锥体部分，采取压缩空气自动吹扫装置和空气炮，对于不可完全避免的轻微黏堵，在没有发展到严重地步时，及时的进行清理。确保各级旋风预热器正常工作。

2. 立筒预热器

图8-2为切线型立筒预热器示意图。它与通常的旋风预热器在结构上有很大差别。这种立筒预热器筒内部无缩口，窑尾废气沿窑尾

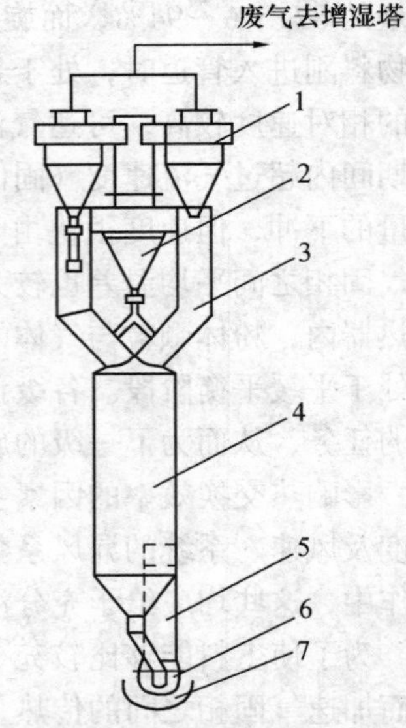

图8-2 切线型立筒预热器

1—一级筒；2—二级筒；3—排气管；4—立筒预热器；5—切线管道；6—窑尾烟室；7—回转窑

上升管道从立筒侧面切线进入。立筒顶部设有两级旋风筒，其作用原理与旋风预热器相同。

回转窑窑尾废气沿切线进入立筒，在立筒内旋转上升。生料由气力提升泵或斗式提升机送至一级旋风筒入口的上升管道被上升气流冲散，并在气流中呈悬浮状态进行热交换，随气流一道进入旋风筒。在旋风筒中物料受离心力作用从气流中分离出来，经卸料管进入立筒出口的垂直管道内进行第二轮加热，再经二级旋风筒分离进入立筒出口的斜管道均匀撒布于立筒内。由于立筒内气流的断面风速较低，生料的浓度较大，生料粉逆气流旋转沉降。气流的涡流运动，给予沉降的生料以扰动，有利于生料的分散和加大气固相之间的相对速度，从而加大热交换的速度。物料在立筒内被预热并被部分分解，然后集中于下锥体沿下料管进入窑内。

立筒内的物料分散性和传热效果，从理论上分析，由于逆流操作，气固相相对速度又较高，每室的传热效果与每级旋风筒相比应该更优越。但实际上，每级旋风预热器的气体温度降最大可达 300 ℃，平均每级旋风预热器的气体温度降可达 200 ℃左右；而立筒由于生料悬浮于气流中的分散度不如在管道内好，收尘又不如旋风筒，立筒内生料粉分散悬浮不佳，因而其气流温度降最大只有 250 ℃，平均只有 130 ℃。

虽然立筒的预热效果和热效率都不如旋风预热器，但它结构简单，投资低，阻力损失较小，而且由于立筒不易结皮、堵塞，较适用于碱、氯、硫含量较高的生料的煅烧以及中、小型工厂的改造。

二、预分解窑炉

预分解窑炉是一种能显著提高水泥回转窑产量的煅烧工艺设备。其主要特点是把大量吸热的碳酸钙分解反应从窑内传热速率较低的区域移到悬浮预热器与窑之间的特殊煅烧炉（分解炉）中进行。生料颗粒高度分散在煅烧炉中，处于悬浮或沸腾状态，各个区域以最小的温度差，在燃料燃烧的同时，进行高速传热过程，使生料迅速发生分解反应。入窑生料的碳酸钙表观分解率，可从原来的悬浮预热器的40%～50%提高到85%～95%，从而大大减轻回转窑的热负荷。由于入窑生料的分解率大幅度提高，也使回转窑内的生料的产气量大大下降，回转窑内生料以一定流态化状态下冲的趋势大大降低，使我们有可能提高回转窑的转速，提升回转窑内物料的高度，加大生料与炙热的气流的热交换面积，从而加大了回转窑内的热交换效率。入窑生料的碳酸钙分解率的大幅度提高，使回转窑的生产能力成倍增加。其增加的倍数，与分解率的提高基本一致。

1. 分解炉

分解炉是窑外分解技术的核心，它主要是使物料分解。不同形式的分解炉与不同的预热器组成不同类型的窑外分解系统。如洪堡型预热器与SF（皮莱克郎）分解炉分别组成SF（皮莱克郎）窑外分解系统，多波尔型预热器与MFC、KSV分解炉可组成MFC、KSV窑外分解系统。还有RSP、D-D等各种不同的窑外分解系统。

分解炉的种类和形式很多，派生性很强。但就其基本原理而言大同小异。在分解炉中同时喂入预热后的生料和适量的燃料，通入来自熟料冷却机的高温助燃空气。在约900℃温度下，煤粉在悬浮或沸腾状态下迅速启燃和燃烧。生料在湍流状态下高度分散，与高温气体进行着强烈的热交换，温度急剧升高，快速进行碳酸钙分解过程。燃料燃烧约需10秒左右，而碳酸钙分解在达到温度后，只需1～2秒。入窑生料温度约为820℃左右，此时生料的碳酸钙分解率可达85%～95%。

分解炉按其气体和粉体的运动形式可分为悬浮、喷腾和流化床等三种方式。悬浮按气流运动不同还有各种燃烧方式，如旋流式、紊流式、涡流燃烧式及复合式。从预热器在预分解系统中的位置划分，分解炉又可分为在线式和离线式。分解炉的形式林林总总，但其原理大致相同。下面仅介绍几种在中国比较流行的水泥预分解炉。

(1) RSP 分解炉

RSP 是强化悬浮预热器 Reinforced Suspension Preheater 的缩写，它是日本小野田水泥公司、川崎重工业公司共同研制的。

RSP 分解炉为离线分解炉，其中混合室（Mixing Chamber 简称 MC）置于回转窑烟室上部，其上部与末级旋风预热器相通，为烟气的主通道。而作为主要燃烧炉的旋涡燃烧室（Swirl Burner 简称 SB 室是实际上的预燃室）和旋涡分解室（Swirl Calciner 简称 SC 室为主燃烧室）则基本平行的置于混合室旁边，而其下部与混合室相通，三次风和燃煤则先通过 SB 和 SC 室先行预燃后，再进入 MC 室汇入主烟道。其结构如图 8－3 所示。

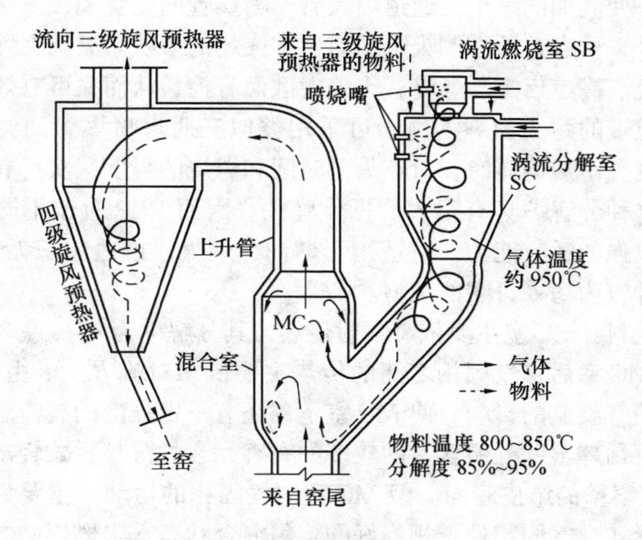

图 8－3 RSP 分解炉示意图

由篦式冷却机中部来的热空气分两路，以切线方向进入 SB 室和 SC 室，而煤粉由 SB 室的顶部喷出，由于煤粉束的喷射造成其根部的负压，使进入 SB 室的高温三次风产生向煤粉束根部的回流，形成湍流状态，造成了煤粉与三次风的快速混合，迅速点燃煤粉，形成黑火头短、稳定的火焰。火焰进入SC室后与速度方向差异很大的进入SC室的三次风相遇，造成了很强的湍流，强化了风煤的混合，使SC室出现高达1 600 ℃的辉焰燃烧。从倒数第二级旋风筒来的生料喂入三次风的入炉口，以切线的方向进入SC室，生料在旋流运动的三次风的作用下，贴近炉壁运动，形成具有一定浓度梯度的保护料幕。生料的这种有序分布，使燃烧处在SC室中部较低浓度的生料粉的氛围下，获得了较好的燃烧条件；而料幕在高温差的条件下高效地吸收火焰的辐射传热，有效的保护了SC室的炉壁不受高温火焰的烧蚀。使SC室产生了极好的启燃、燃烧和传热条件。SC室和SB室的这种特殊结构，使其如同一个三通道喷煤管，喷煤管的位置和预燃室风量的大小，可有效地控制火焰的启燃和火焰的形状。火焰在纯空气中可控、高速启燃与燃烧，火焰发散而有控，从而又可有效的保护烧成带的耐火材料。由于可采用类似三通道喷煤管的调整方式，在分解炉运转时，对点火的时间和燃烧的强度，实行有效控制，这种分解炉具有很大的操作弹性。因而RSP对于不同的燃料有很强的适应能力。它适用于燃油、烟煤，也适应于无烟煤。是一种较为稳妥可靠的炉型。

生料在SC室主要依靠辐射传热，其分解率为45%左右。在进入MC室后，气固相之间的传热主要依靠对流方式。由于SC室的炉气旋流的影响，使MC室下部还有一定强度的旋流趋势存在，可稀释窑壁处所含有的较多的有害元素的窑气，减轻窑气在MC室窑壁的结皮趋向。但MC室内气固相的运动，主要为喷腾流化形式，气固相处于相当好的均匀混合状态，未燃烬的燃料继续燃烧，而生料则迅速与热气流在温度上达到同步，分解率可达到90%以上。生料被气流带入末级旋风筒，分离后入窑。

由于RSP炉系统可达到很高的热力强度，通常设计中，熟料烧成系统的燃料约有55%～60%在分解炉内燃烧，而40%～

45%在回转窑内燃烧。入窑生料碳酸钙分解率高达85%~95%，入窑生料温度约为 820～850 ℃。RSP 分解炉最鲜明的特点是：

在SB室和 SC 室内煤粉与新鲜高温空气分两次混合燃烧，造成了很强的湍流状态，高速燃烧，反应温度及容积热负荷较高。燃烧可控，调整余地大，有很强的操作弹性，适应劣质燃料。由于其特殊的结构，使燃料得以充分燃烧，使末级旋风预热器不至因不完全燃烧造成还原状态，形成结皮堵塞。

MC 室内，由于旋流运动和喷腾运动的综合效应，通常带有较多有害成分的窑气在未与炉气充分混合之前，炉气以旋流方式，对易于结皮的 MC 室的炉壁，形成一个相对洁净的保护气幕，混合室不易产生结皮。分解炉温度分布见图 8-4。

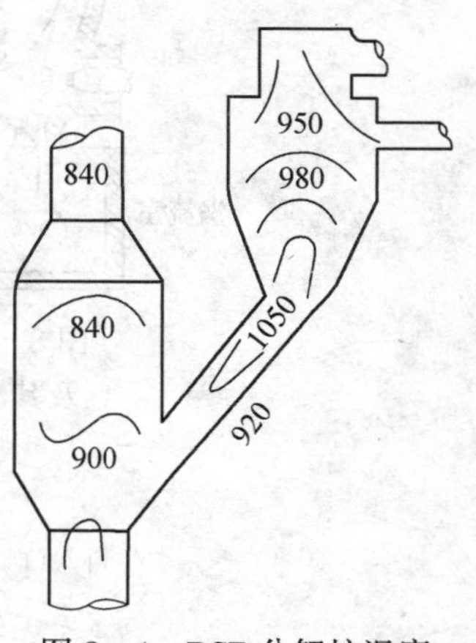

图 8-4　RSP 分解炉温度分布（℃）

正因为 RSP 结构上的特点，使其有较高的燃烧效率和传热效率，保持了窑系统的较高的生产率。同时由于它不易堵塞，也使窑系统获得了较高的运转率。使窑系统稳产高产。

(2) SF 和 NSF 分解炉

图 8-5 和图 8-6 是 SF 型分解炉剖面图和流态图。这是日本宇部和秩父水泥（IHI）公司联合开发的，是一种旋流式燃烧的分解炉。

这种分解炉由涡流室和反应室组成。涡流室位于反应室的下部，三次风呈切线进入涡流室，产生较大的旋流。生料从反应室较高的顶部喂入，与上升旋流气体混合并分散，迅速升温，直至碳酸钙的高度分解。燃料喷管在反应室较低的部位，按 120°周向均布。

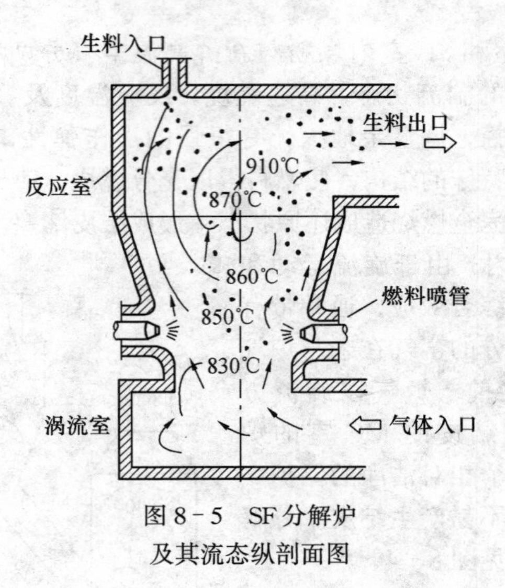

图 8-5　SF 分解炉及其流态纵剖面图

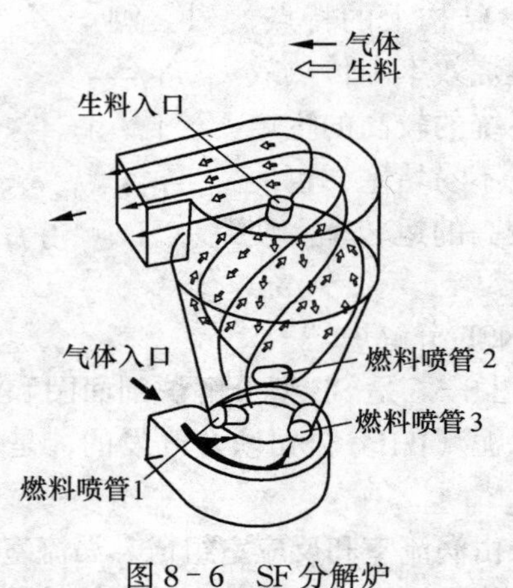

图 8-6　SF 分解炉的流态图形

NSF 分解炉是在 SF 的基础上加以改进而成的，如图 8－7 所示。

NSF 分解炉主要是改进了燃料和来自冷却机新鲜空气的混合，使燃料能更充分燃烧。同时使预热后的生料分两路分别进入分解炉反应室和窑尾上升管道中，以降低窑尾废气温度，减少结皮的可能，并使生料进一步预热与燃料充分混合，提高传热效率和生料的分解率。

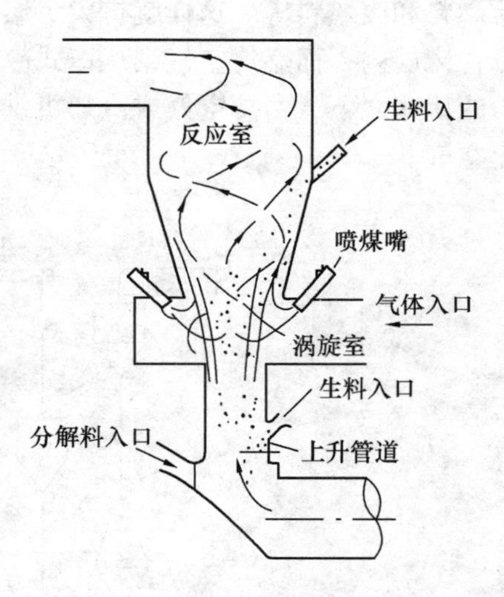

图 8－7　NSF 分解炉示意图

回转窑窑尾上升烟道与 NSF 分解炉底部相连，使回转窑的高温烟气从分解炉底部进入分解炉下涡壳，并与来自冷却机的热空气相遇而上升，与生料粉、煤粉等一起沿着反应室的壁作螺旋式运动，直至上升到上涡壳经气体管道入四级旋风筒。由于涡流旋风作用，使生料和燃料颗粒同气体发生混合和扩散作用。燃料在悬浮状态下迅速燃烧，同时把燃烧产生的热量以强制对流的形式，传给生料颗粒，使生料碳酸钙快速分解。从而使整个炉内处于 800～900 ℃的低温无焰燃烧状态，温度比较均匀，传热效率很高，分解率可达 85%～90%。

(3) MFC 分解炉

MFC 分解炉是一种设置流化床的旁置式离线燃烧炉，为日本三菱公司研制。如图 8－8 所示。

生料在流化床内煅烧有良好的热交换条件，生料、燃料与高温气体处于良好的混合状态之中，热交换迅速。

物料颗粒在流化床内约有几分钟的停留时间，这使这种分解炉可以使用各种燃料，即液体燃料、固体燃料、甚至低品位的劣质燃料和废燃料等。这样就扩大了燃料的利用范围。燃料可喷入流化床层内，而燃烧空气则从篦式冷却机中抽取。另外，在分解炉的篦床之下，由冷空气或冷却机供给净化过的热空气作为流态化空气。

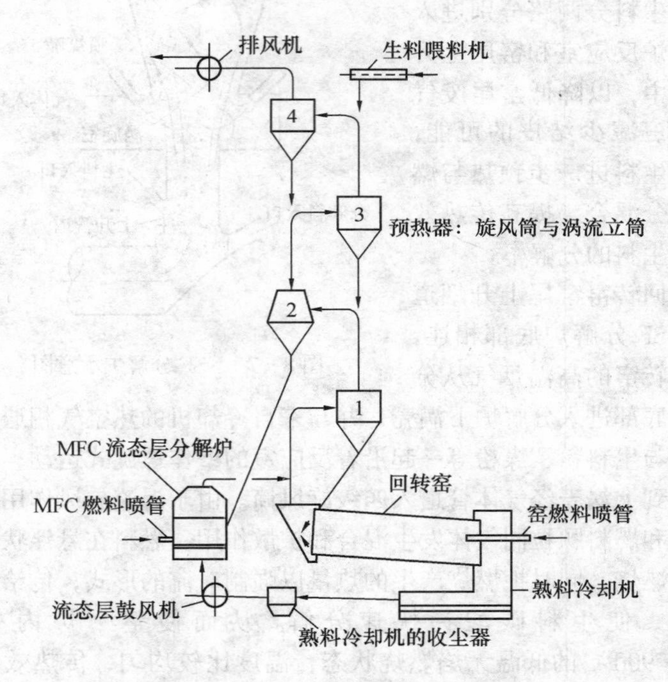

图 8－8　带 MFC 分解炉的预热器系统

在一般悬浮预热器窑系统上很容易增设 MFC 分解炉，使窑的生产能力得到一定的提高。分解炉内可有 50％的燃料燃烧，分解率可达 85％～90％。流化床可维持稳定而较低的碳酸钙分解温度（约 830 ℃），并使系统排气温度维持在一般悬浮预热器窑的同等水平上（340 ℃）。由于分解炉篦床的压降较大，鼓入高温气体有一定的技术难度。因而也使 MFC 的使用，受到一定的限制。

(4) KSV 分解炉

KSV 是日本川崎重工业公司开发的一种喷腾层涡流炉，它是一个喷腾层和一个涡流室的结合体。如图 8－9 所示。

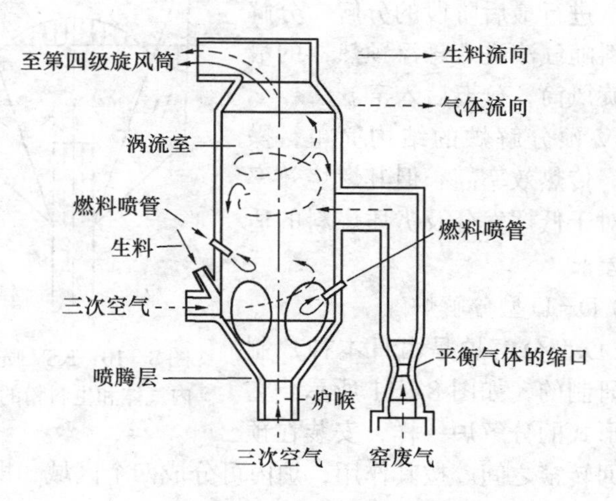

图 8－9　KSV 分解炉示意图

KSV 分解炉自下而上由入口炉喉、圆筒形喷腾室和涡流室组成。预热的生料喂入圆筒形室下部，而三次风管的热空气在炉底部的炉喉内以 20～30 m/s 的流速进入圆筒形室形成喷腾流化床。在生料喂料点的上部设置燃料喷管。圆筒形室上部扩大后成为喷腾床的扩大部分，其侧面沿切线方向设置了窑废气的入口，使喷腾床上部产生涡旋而使其扩大带成为实际上的涡流室。颗粒依靠旋流趋于炉壁下滑，延长物料在炉内的停留时间。涡流室顶部侧面直通末级旋风预热器，混合烟气挟带着物料进入旋风预热器后实现气固相的分离。在喷腾流化床内，由于断面突然扩大，由炉喉喷入的高速气流，在其根部产生一定的负压，将生料和煤粉卷入，使气体和生料及煤粉在湍流状态下产生了很好的混合

(见图 8－10)。三次风和窑气以切线方向进入分解炉，使生料在涡流室内形成旋流，这样在喷腾层上部产生一个集中混合区，那里也为生料的分解设置了燃烧喷咀。

生料粉在涡流室内与切线方向进入涡流室的 1 000～1 100℃高温窑气相混合，进行最后阶段的分解。分解了的生料随气流进入悬浮预热器的最低一级旋风筒，分离后入窑。

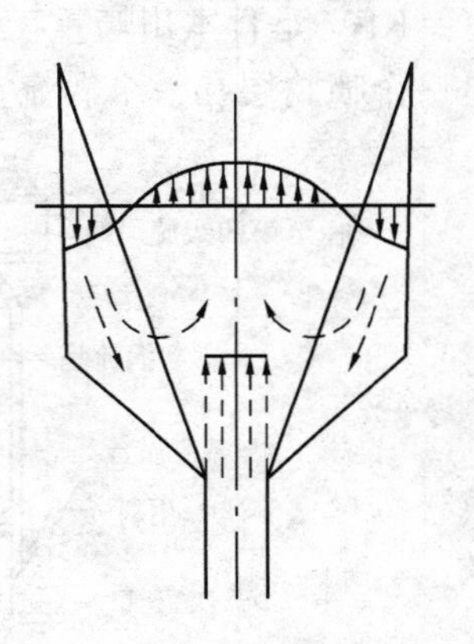

图 8－10　KSV 喷腾层内气体和生料粉的湍流

KSV 预分解炉的结构简单，操作方便。传热效率高。但其燃烧效率较低，对于低挥发分及劣质燃料的适应性较差。

(5) D－D 型分解炉

D－D 型分解炉是由日本神户制钢公司研制的，如图 8－11 所示。它与其他形式的分解炉一样，安装在预热器和回转窑之间。按其作用，炉内可分成四个区域，即：下部锥体为还原区（1 区）；中间下部成圆筒状的燃料分解、燃烧区；中间上部与分解燃烧区连接的主燃烧区（2、3 区）；以及最上部的圆筒状的后燃烧区（4 区）。

还原区与回转窑窑尾之间有一喉部，在主燃烧区和后主燃烧区有一缩口；在燃料分解、燃烧区的侧壁设有从冷却机来的高温燃烧用三次空气的进口；后燃烧区的侧壁设有与四级或五级旋风筒连接的气体出口；燃料分解燃烧区的侧壁设有与三级或四级旋风筒连接的下料管和助燃用喷咀，还原区的侧壁根据需要可安装脱硝用的辅助喷咀。

窑尾废气通过 D－D 炉喉部和还原区进入燃料分解、燃烧区，从冷却机来的高温燃烧用三次空气通过三次风管与上升的还原气流成垂直方向进入 D－D 炉内。从侧壁加入的燃料在此处分解，并在后续的主燃烧区内进行燃烧。

由主燃烧区排出的废气在后续的燃烧区内完全燃烧后进入四级或五级旋风筒。经预热的生料从三级或四级旋风筒进入D－D炉的燃料分解、燃烧区，经过预热分解后通过四级或五级旋风筒进入窑内。

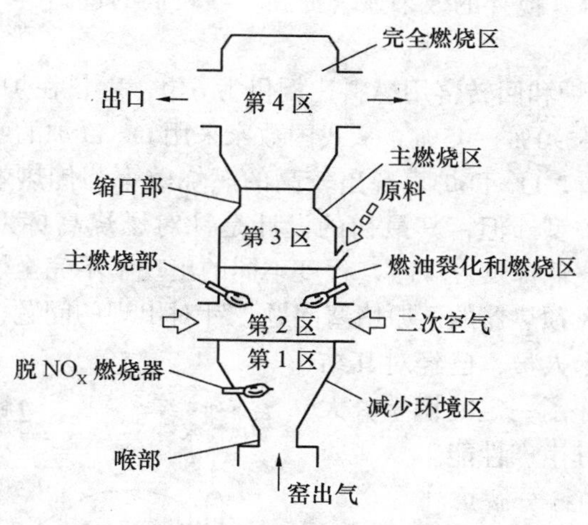

图8－11　D－D炉原理图

与窑尾直接连接的D－D炉喉部是个调节平衡的装置，可使回转窑的燃烧气体量和通过三次风管的高温空气达到平衡。同时，由于向D－D炉喂入的生料在还原区内形成喷腾层，D－D炉下部气体中的生料浓度增高，因而使进入炉内的窑尾废气温度急剧下降，防止了炉底形成结皮。

窑尾气中的 NO_x 通过喉部进入还原区，在辅助喷咀喷入的燃料所产生的还原气中被还原。

在燃料分解、燃烧区和主燃烧区内，辅助燃烧喷咀是装在三次空气入口附近，燃料在炉内旋流中瞬间进行分解、气化和燃烧。此时，燃料燃烧产生的热量由于被悬浮在D－D炉内的高浓度生料所吸收，使生料迅速进行分解反应。因此，热交换性能极高，并且没有一般辉焰燃烧时出现的高温区，炉内温度均匀，能保持 800～900 ℃较低温度。由于这种燃烧机理，D－D 炉本身产生的 NO_x 量相当低，特别是由于主燃烧区和燃烧区之间的缩口部的节流作用和通过喉部的上升气流喷腾到后燃烧区的顶盖后而翻转进入四级或五级旋风筒的作用，故能使夹带于气体中的生料与气体混合，搅拌的效果显著提高。在较低的过剩空气下就能使燃料完全燃烧。

D－D 炉和回转窑用燃料比例仍为 6:4，生料在炉内煅烧后，分解率可达 90%～95%。从我国数家采用 D－D 炉的水泥工厂的生产实践看，D－D 炉表现出较高的燃烧效率和传热效率，是一种较好的炉型。但，其最初的设计是针对燃烧高挥发分优质煤的，在燃烧低挥发分煤时，程度不同的出现了不完全燃烧，而导致末级旋风预热器的还原堵塞问题。针对出现的问题，我国的水泥工程技术人员，已经对其结构和参数作了一定的调整，大大改善了其生产性能。

(6) FLS 分解炉

FLS 分解炉是由丹麦史密斯公司研制的，它的上部和中间是一个圆筒，下面是一个圆锥形的底部，锥体喉管直接与三次风管连接，如图 8－12 所示。

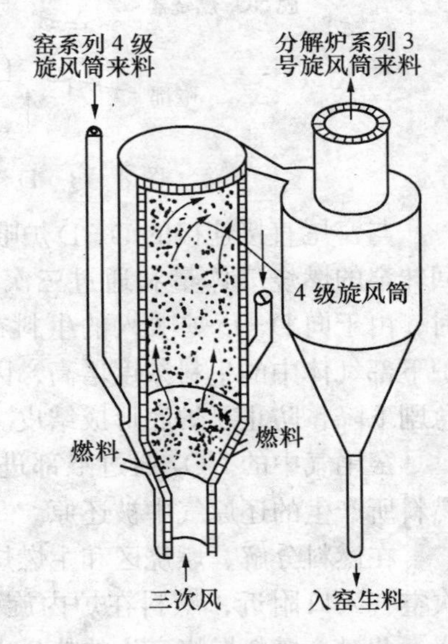

图 8－12　FLS－SLC 炉示意图

经过预热的生料从 700～750 ℃的温度喂入分解炉底部附近，燃料由底部送入料流中。三次风以 25～30 m/s 的速度从喉管上喷，由于惯性，这股高速气流入炉后在分解炉中央一定高度内形成一股上升的物料流，把生料和煤粉不断地裹胁进去，造成许多喷腾涡流而产生喷腾效应。由于喷腾层的作用，使燃料、物料能与气流充分混合、悬浮，并造成生料与煤粉滞后于气流运动速度，这有利于燃烧、传热及分解的进行。分解后的生料随气体从上部出口排出，进入四级或五级旋风筒收集后入窑。

(7) FCB 分解炉

FCB 型分解炉是法国 Flves Cail Batcok 公司研制的，它实际上是一种旋风式分解炉，物料以悬浮状态进入热气流中，窑排出的烟气、热空气及物料以涡流状态进入分解炉上部，然后随气流向下入四级或五级旋风筒，如图 8 - 13 所示。

燃料用几个喷咀从分解炉顶部喷入，热气体和生料的混合物形成顺流而下的旋风运动。由于燃料在分解炉的中心部位燃烧，分解炉内壁的生料浓度很大，可防止内壁过热形成结皮。

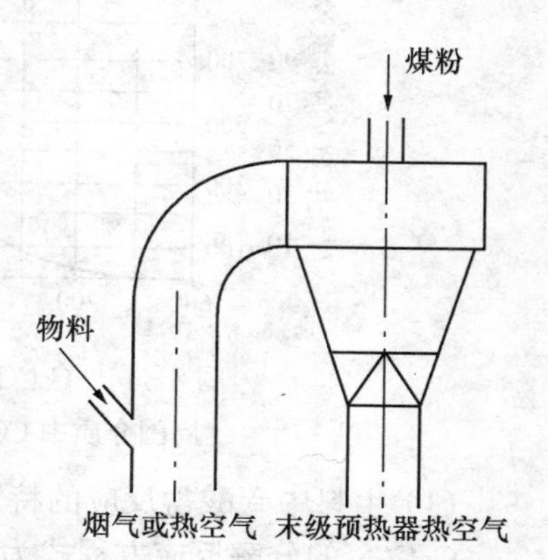

图 8 - 13　FCB 型分解炉

这种分解炉可用单系列或双系列的悬浮预热器，在单系列的窑外分解流程中，燃烧所需的空气由窑送到分解炉中。分解炉设置在最末两级旋风筒之间，气体与物料一起进入末级旋风筒。双系列的窑外分解装置中，分解炉所需的全部燃烧空气由冷却机通过三次风管提供。这种流程具有两组旋风筒，一组为窑系列，另一组为分解炉系列。

以上列举了最典型的几种分解炉。除此之外，还有日本三菱公司研制的 GG 炉，宇部兴产研制的 UNSP 炉，联邦德国伯力鸠斯的 P - AS 炉以及奥地利 VA - PASEC 炉等。

2．分解炉的工艺性能

分解炉所承担的工艺任务主要是碳酸盐的分解。在实际生产过程中，影响生料碳酸盐分解的因素很多，情况也很复杂。但主要因素是炉内的分解温度、烟气的 CO_2 分压、物料在炉内均匀分布程度和停留时间、以及生料颗粒的大小和碳酸盐矿物的结晶状态等。

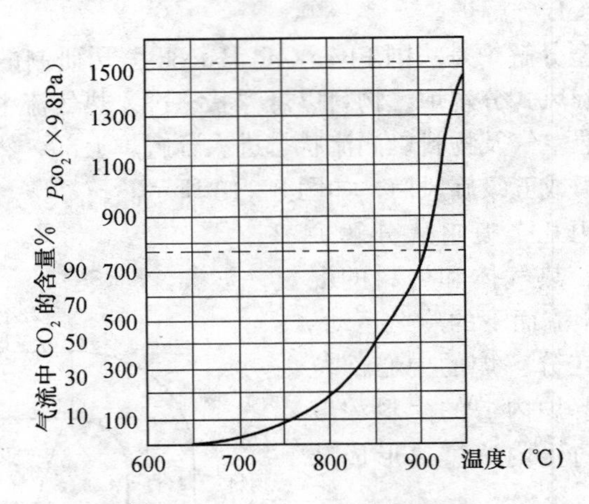

图 8－14　$CaCO_3$ 的分解温度与周围介质中 CO_2 分压的关系

（1）生料中碳酸盐反应的特性

$CaCO_3$ 的分解反应方程式为：

$$CaCO_3 \rightleftharpoons CaO + CO_2 - 1.645\ kJ/g$$

这一过程是可逆的反应过程，根据系统温度和周围介质中的 CO_2 的分压不同，反应可向任何一个方向进行。为了使反应加快向右进行，必须保持一定高的温度，并降低周围介质 CO_2 的分压。一般 $CaCO_3$ 在 600 ℃ 时已开始分解，但分解速度很慢，800～850 ℃时分解速度加速，900 ℃时分解出的 CO_2 分压可达到 1 个大气压。

$CaCO_3$ 在 600 ℃时开始分解，但分解出的 CO_2 分压很低，只有在与它接触的气体介质中不含 CO_2 时才能继续进行。随着温度的升高，CO_2 平衡分压也不断增加，分解出来的 CO_2 分压必须大于周围气体介质中 CO_2 的分压，分解才能继续进行，一般分解炉内生料 $CaCO_3$ 实际分解温度为 820～850 ℃，气流温度比物料温度约高 20～50 ℃，所以分解炉内的气流温度常在850～900 ℃之间。

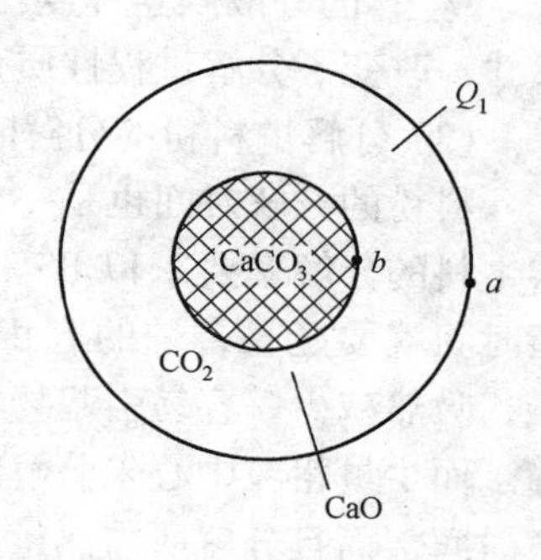

图 8－15　正在分解的石灰石料粉颗粒

(2) 碳酸钙颗粒的分解过程

碳酸钙颗粒的分解过程示于图 8－15。一个正在分解的 $CaCO_3$ 颗粒，表面 a 首先受热，达到分解温度后进行分解，排出 CO_2。随着过程的进行，表面变成 CaO，分解反应逐步向颗粒内部推进。分解面由 a 进入 b，这时反应可分五个分过程进行。

·气流向颗粒表面的传热过程。

·热量由表面以传导方式向分解面传递过程。

·碳酸钙在一定温度下吸收热量进行分解并放出 CO_2 的化学过程。

·分解放出的 CO_2 从分解面通过 CaO 层向表面扩散过程。

·扩散到颗粒边缘的 CO_2 向周围介质气流扩散的过程。

这五个分过程中，四个是物理传递过程，一个是化学反应过程。每个分过程都有各自的阻力。从整个过程看，各自受不同因素的影响，都可能影响分过程，经研究发现，主要因素取决于化学反应过程。影响炉内 $CaCO_3$ 分解速度的因素有：

·分解温度：温度越高，分解越快；

·CO_2 浓度：炉内 CO_2 浓度越低，分解越快；

·粉料的物理化学性质：结构致密，结晶粗大的石灰石分解速度较慢；

·粒径大小：颗粒直径越大，接触表面积越小，分解所需的时间越长；

·生料的分散悬浮程度：悬浮分散性差，相当于加大了颗粒尺寸，改变了分解过程性质，从而降低了分解度。

(3) 分解炉料粉的分解时间

料粉的分解时间也是一个重要的性能参数。一般生产中对入窑生料的分解率要求以 85%～95% 为宜。要求过高，在炉内停留时间就要延长，炉的容积就要大。分解率高时，分解速度就慢，吸热减少，容易引起物料过热，从而会导致结皮、堵塞等故障。而少量粗粒中心未分解的料粉，入窑进一步加热有足够的分解时间，而且分解所需热量又不多。如果对分解率要求过低，如低于 80% 也是不合适的，因为分解率低的生料入窑，在窑内吸热分解耗热较大，使窑的热负荷增大，物料产气量大，物料在窑内运动不稳定，窑外分解的优越性得不到充分发挥。

3．分解炉的热工特性

(1) 分解炉内的燃烧特点

①无焰燃烧和辉焰燃烧

无焰燃烧通常是指气体或雾化很好的液体燃烧过程中，由于火焰中缺乏发光颗粒，火焰呈一定的透明状态，黑度较低，辐射传热强度较低条件下的燃烧。

在多数分解炉内，煤粉颗粒进入分解炉内燃烧时，浮游于混合有大量生料粉尘颗粒的烟气中，经预热、分解、燃烧发出光和热，形成分散的小火星。这些小火星浮游布满炉内，从整体上看，看不见一定轮廓的有形火焰，而是呈现红黄色之间的，充满全炉的与生料混合的无数小火星组成的燃烧反应。由于在这种燃烧过程中，放热反应和吸热反应同时、同部位进行，火焰的温度较低，看不到火焰的光亮和强辐射，通常也将其笼统地称之为无焰燃烧。无焰燃烧条件下由于火焰温度较低，其辐射传热的相对密度较小，而以对流传热为主。

当燃烧相对集中，在一定范围内产生较高温度，而料粉颗粒受热达到一定温度后，固体颗粒也会发光，形成高温的黄白色光焰和较大的火焰黑度，称其为辉焰燃烧。由于绝对辐射的强度与其温度的四次方成正比，其辐射传热的相对密度加大。

RSP的SC室的中部，剧烈燃烧的区域为辉焰燃烧；而MC室为无焰燃烧。其他形式的分解炉多数为无焰燃烧。窑头喷煤管前部的明亮火焰通常也是辉焰燃烧。

②分解炉内的温度分布

一般煤粉或燃油的喷燃温度可达1 500～1 700 ℃，而分解炉内气流温度只有850～900 ℃，这是因为燃料与生料粉是以悬浮状态混合在一起的，燃料燃烧放出的热量立即被物料所吸收。当燃料燃烧快、放热快时，料粉分解也就快；当燃烧慢时，则放热也慢，分解也就慢。所以分解反应在一定程度上可以抑制燃烧温度的提高。对于RSP型分解炉，在旋涡分解室内纵向温度由上而下逐渐升高，如图8-4温度分布所示，但变化幅度不大，由于炉的边缘向外界散热存在散热损失，而且由于涡流效应，炉体中心物料较少，物料吸收的热量也较少，温度较高，边缘物料浓度较大，温度较低。

(2) 分解炉内的传热

在分解炉内，燃料燃烧速度很快，发热能力很高。由于料粉分散在气流中，在悬浮状态下，高温气体与温度相对较低的物料呈现剧烈的对流传热，具有极高的传热效率，燃烧放出的大量热量在很短的时间内被料粉所吸收，既达到高的分解率，又防止了局部的过热现象。

分解炉内主要以对流传热为主，其次是辐射传热。炉内燃料与料粉悬浮于气流中，燃料燃烧将气体加热至高温，高温气体同时以对流方式传热给物料。由于气、固两相充分接触，传热速率很高。分解炉中气体温度达 900 ℃左右，其辐射能力较回转窑中烧成带差，但炉中有大量的 $CaCO_3$ 分解，放出很多 CO_2 气体，这种气体的分子与 O_2、N_2 等对称的双原子分子不同，有较强的辐射能力，且气流中含有很多细颗粒，提高了火焰的黑度，所以在一定程度上也增大了炉中气流的辐射传热能力，这种辐射传热对全炉温度的均匀分布极为有利。

(3) 三次风管的设置

目前采用的三次风管有平行风管和 V 型风管，两种风管各有利弊，应经过比较选用。平行风管是指与窑近乎平行的布置形式，V 型风管是指风管呈 V 型，而在风管中部低端，设置沉降室和放料闸阀。

平行风管形式简单，外观简洁，投资少，但为了防止熟料颗粒在风管中的沉降，必须采用较高的操作风速，因此风管系统阻力较大。由于风速较高，对于耐火材料的磨损也略显高些。

V 型风管形式比较繁杂，外观冗重，投资大，还需从放料闸阀定期放灰。但 V 型风管可采用较低的操作风速，因而系统阻力低；由于风速低，耐火材料磨损小，耐火材料的使用寿命几乎无须考虑。V 型风管使用上应将放料闸阀的放料制度化，并严格执行，避免沉降室堵塞，而造成系统阻力过大。在设计中考虑到，V 型管的左右两部分气流的方向和沉降物料的运动方向或同向或逆向，因此三次风管左右两部分与地面之间，应有不同的夹角。

三、预分解系统的回转窑

1. 回转窑工艺带的划分

由于预分解系统的物料预热过程，主要已经移至分解炉和预热器系统完成，回转窑内只进行少量的遗留的碳酸钙分解反应，而实现熟料矿物形成的烧结反应则在回转窑内完成。由于预分解回转窑运转速度很快，窑的长度也较短，物料在回转窑内实现了快烧和快冷。快速烧成，使短时间高温状态下形成的熟料矿物，晶体有诸多缺陷，保持了较高的水化活性；而快速的冷却，又使这种较高的活性，通过玻璃体的快速形成，而保留下来。为了尽量加快熟料的冷却速度，提高熟料冷却质量，预分解系统的回转窑冷却带很短，而将熟料冷却的功能，主要放在了熟料冷却机内。预分解系统的回转窑与其他形式的水泥回转窑煅烧系统有所不同，其回转窑按功能划分为过渡带、烧成带和冷却带。见图8-16。

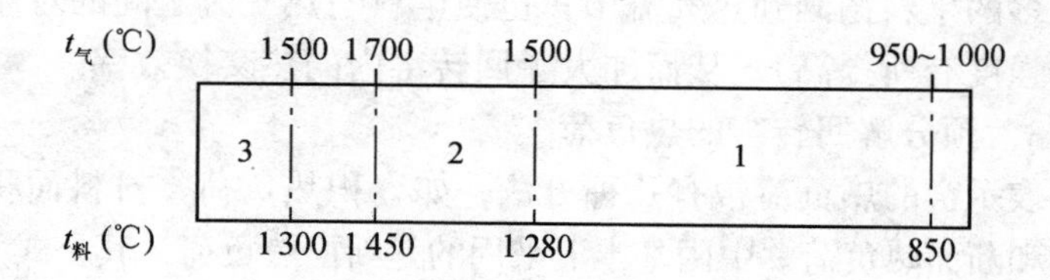

图 8-16　预分解窑内带的划分

（1）过渡带

从窑尾至物料温度升高至 1 280 ℃的位置，在此段内主要是物料的升温，遗留的碳酸盐完成分解和固相反应。

（2）烧成带

物料温度在 1 280 ℃～1 450 ℃～1 300 ℃范围内。物料在这个区段内，液相量逐渐升至最高，然后又逐步下降，物料大量结粒，矿物实现了部分熔融和化合的物理化学过程，铁铝酸四钙、铝酸三钙、硅酸三钙等熟料的主要矿物相继生成，物料最终完成转化为熟料的过程。

（3）冷却带

窑头前的数米区段内，物料的温度由 1 300 ℃下降至 1 200 ℃，液相消失，熟料的主要矿物陆续结晶。在该区段内，以较高的冷却和结晶速度，将亚稳态的熟料矿物形态固定下来。稳定和巩固在此之前的熟料烧成阶段的化学反应成果。

2．回转窑的传热

回转窑的传热过程与其他煅烧形式的回转窑的煅烧形式类似，但传热强度在数量级上有很大的差别。由于入窑生料的分解率大幅度提高，也使回转窑内的生料由于碳酸钙的分解而导致的产气量大大下降，回转窑内生料以一定流态化状态向窑头运动的趋势大大降低，使我们有可能大大提高回转窑的转速，提升回转窑内物料的高度，大大提高生料与灼热的气流的热交换面积（堆积生料的展开面加大，导致热辐射形式的热交换强度提高；同时将更多的生料扬洒到热气流中，也使生料与热气流之间的对流传热的强度有所提高），从而加大了回转窑内的热交换效率。

3．预分解回转窑的热负荷

表示窑的热负荷常有几种方法，如容积热负荷，衬料面积热负荷和断面热负荷。中国基本上采用的是断面热负荷，其公式为：

$$q_S=\frac{Q}{\frac{\pi}{4}D_i^2}$$

式中　Q——窑的发热能力，kJ/h；

D_i——窑的有效内径，m。

预分解窑的窑前的发热能力低于其他窑型，其主要原因是因为吸收热量最多的 $CaCO_3$ 分解反应大部分已在入窑前完成了，而生成熟料矿物的化学反应为吸热反应，回转窑内实现煅烧目标所需的热量大大降低。所以，一般供窑煅烧的燃料仅占总燃料的40%～45%，这样就使预分解窑的发热能力大为降低。断面热负荷的降低，使窑头耐火材料的使用寿命大大延长，也就为预分解生产线单机生产能力的大幅度提高，创造了条件。

4．预分解窑内的物料运动

物料在预分解窑内运动的特点是时间较短而流速较快且均匀。窑内物料停留时间约为32～42分钟，为一般回转窑内物料停留时间的1/2～1/3。入窑物料分解率的提高，减少了料层的窜动，为物料流速均匀稳定创造了条件，而窑内高温带长以及流速稳定，为提高回转窑转速创造了条件，一般预分解窑窑速可达2.5～3.5 r/min。预分解窑煅烧的特点是薄料快烧，物料的快速烧成与冷却，也为水泥熟料质量的提高，创造了条件。

四、熟料冷却机

水泥工业中的熟料冷却机目前有三种形式，即单筒、多筒和篦式冷却机。从国家的产业政策看，今后国家重点发展大中型水泥企业和预分解水泥生产线，几乎将无一例外地采用篦式冷却机。

篦式冷却机是一种骤冷式冷却机。熟料在冷却机高强耐热钢的篦板上铺成层状，并用鼓风机将冷风通过篦板小孔鼓入料层，熟料在较短的时间内与冷空气进行充分热交换，使不同矿物在高温下形成的晶相迅速稳定下来，以确保水泥熟料的质量。同时还能从冷却机的确定部位抽取热风，充分回收熟料余热，节约能源。

衡量冷却机的优缺点的准则有以下四个方面：

·设备运转的可靠性；

·冷却机的热量回收比例；

·冷却后的熟料温度；

·动力消耗、设备重量、配套收尘设备投资、占地面积和高度等。

在现代预分解系统中，入窑二次风风温为1 000 ℃左右；入分解炉的三次风为750～800 ℃，出冷却机熟料温度一般小于100 ℃＋环境温度。

现代化干法预分解窑的一个重要特点就是产量大。因窑的冷却带缩短，所以入冷却机的物料温度比较高（一般不低于1 300 ℃）。这样与其他形式的煅烧系统相比，冷却机受料增加，热负荷和工作负荷大大提高。为了适应这个特点，世界流行的办法是加大篦冷机料层的厚度，篦式冷却机分为几个室，以此防止分风不均，造成局部区域因无风冷却而烧坏篦板。同时，承受高温物料冲刷的一、二室的冷却机篦板多采用高铬高镍的高强耐热钢。被物料加热的空气一部分被吸入窑内作为二次风，另一部分经三次风管送至窑尾分解炉作为燃烧的高温空气，剩余部分可送至磨机或烘干机，以回收热量，并降低气体温度，降低烟气的比电阻，以利于烟气的收尘。

篦冷机篦板上的物料的厚度，采用调整篦板速度的方法进行控制。料层的厚度采用测量冷却风的阻力的大小，间接判断。

早期的篦式冷却机，篦板的工作面上布满毫米级的小孔，风室内的风通过小孔，穿透料层，对熟料进行冷却。由于熟料的厚度和粒度分布，将造成篦板上不同区域物料的阻力不同，阻力大的区域不但熟料的冷却存在问题，而且由于这一区域冷却风量的不足，而造成篦板的过热和早期的损坏。针对这一问题，空气梁冷却机应运而生。

所谓的空气梁篦式冷却机，是篦式冷却机理念的创新和重大的技术进步。采用空气梁篦板的冷却机，冷却机的风不是通入冷却机的风室，而是通过传动梁，将冷却风通入冷却机篦板。篦板的工作表面有一浅浅的凹面，通入篦板的冷却风，通过凹面一侧的狭缝，近似水平吹出。这样：

1．冷却风几乎全部通过篦板，给篦板的冷却创造了一个良好的条件。使篦板的使用寿命大大延长。

2．改进后，由于冷却风在传动轴和篦板内的阻力与在物料层内的阻力相比大大提高了。也就是说，可控制的阻力的相对密度加大了，而由于物料的结粒和分布造成的随机的阻力在系统阻力中的相对密度减小了。因此物料在各个区域内，由于料层厚度和粒度分布造成的阻力不均，导致不同区域分风不均的影响大大削弱。大大提高了冷却效率和热回收效率，提高了二、三次风的风温，改善了窑系统和分解炉系统的热工状态。

第九章　水泥制成

第一节　水泥熟料的储存

出窑熟料经冷却机冷却后，不能直接送到粉磨车间粉磨，而必须经过储存。熟料储存的目的是：

1. 降低熟料温度，以保证磨机的正常操作。一般从冷却机出来的熟料温度达 100 ℃以上，大块熟料的内部温度更高。过热的熟料入磨会降低磨机产量，使磨机筒体因热膨胀而伸长，对轴承产生轴向压力；影响磨机轴肩的润滑，对磨机的安全运转不利；磨内温度过高，使石膏脱水过多，引起水泥凝结时间不正常；过高的熟料温度，使磨内结团和包球的趋势增大，粉磨效率降低。

2. 改善熟料质量，提高易磨性。出窑熟料中含有一定数量的 f－CaO，储存时能吸收空气中部分水汽，使部分 f－CaO 消解为氢氧化钙，在熟料内部产生膨胀应力，因而提高了熟料的易磨性，改善水泥的安定性。

3. 熟料的储存作为缓冲环节，有利于窑磨生产的平衡和控制调配入磨熟料的质量。出窑的熟料可根据质量的好坏分库存放，以便搭配使用，保持水泥质量的稳定有控。

4. 熟料的均化熟料储存中，可以在一定程度上实现熟料的均化。熟料在煅烧过程中，由于生料系统不可避免出现的生料成分的波动和煅烧系统不可避免的热工制度的波动，将造成熟料质量的波动。熟料储存过程中，利用进出物料不同的时间分布，可一定程度上实现质量波动不太大的熟料的均化。

对于现代化水泥厂而言，熟料储存目前常用的有圆形储库或圆形帐篷库。前者是由钢筋混凝土浇筑而成。这种圆库是密闭的，库顶一般设一至两个下料口，采用拉链机进料。库底设置一个或多个锥型漏斗卸料口，以提高卸空率，锥形漏斗下部设置钢棒阀和计量设备。这种熟料库大小不一，小则可容几百吨，大则可容上万吨。库的高径比一般为1.8～2.5。由于这种类型的熟料库出料口较少，也可直接在库底设置计量及控制设施，水泥磨的配料在库底完成后，直接送入水泥磨。圆形储库密闭性较好，有利于收尘。但作为水泥熟料的储存，散热较慢。

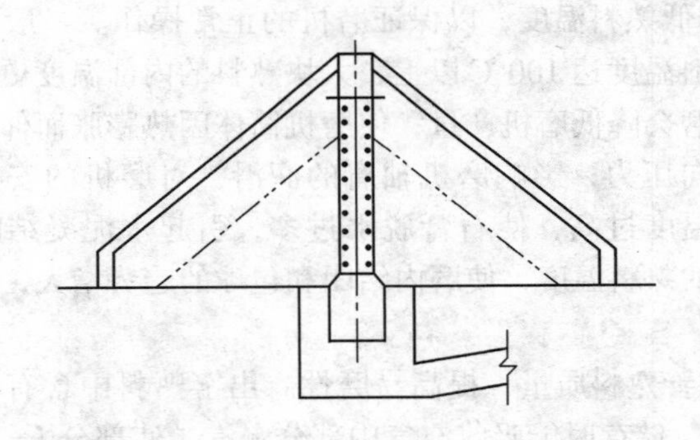

图 9-1 帐篷库的结构图

帐篷库的结构如图 9-1 所示。这种结构在高度上与圆柱形库相比降低很多，大约只有圆柱形库的 1/3 左右，因此对于建设场地的地耐力可降低要求。与圆形储库相比，相同储量的帐篷库占地面积较大。这种库的平面直径在 40～90 m，熟料储存量为 7 000 t 到 80 000 t。从几何形体上看实际上是一个短圆柱形与一个圆锥形的结合。直段部分可由混凝土制成，锥盖通常由钢结构拼装。物料由顶端进入位于帐篷库中心的混凝土圆柱体形小库，小库自下而上整个圆柱面上遍布卸料孔。熟料进入小库后，由卸料孔自然流出，形成一个底角为熟料自然休止角的圆锥形料堆，采用这种进料方式有利于收尘。帐篷库对于地耐力的要求较低，熟料暴露面积大，易于散热。但是帐篷库的库底面积较大，设的下料口数量较多，因而不宜采用库底配料的方式，需要增加一轮转运；帐篷库下可采用链式取料机取料，也可采用多点出料。前者投资较大，设备维修费用也较高；后者投资较低，设备也较可靠，但帐篷库卸空率比较低。

第二节　石膏的作用

水泥工业中应用的石膏通常有天然石膏和工业副产品石膏两类。天然石膏呈多种形态，其中二水石膏为含有两个结晶水的天然石膏，其主要形态为：质纯无色的透明晶体，称为透石膏(selenite)；雪白色细粒块状、半透明者为雪花石膏和细晶石膏(alabaster)；呈纤维状具有丝绢光泽或半丝绢光泽者为纤维石膏（fib rous gypsum)。还有含杂质较多的土石膏、泥质石膏(clay gypsum）等。二水石膏的分子式为 $CaSO_4 \cdot 2H_2O$。二水石膏中的结晶水，在65～70 ℃时开始缓慢脱水，而在120～150 ℃则开始加速脱水，失去一部分结晶水后成为半水石膏（$CaSO_4 \cdot \frac{1}{2}H_2O$)；当温度在170～180 ℃时，结晶水全部脱离而成为无水石膏（$CaSO_4$)。自然界中有少量的无水石膏存在，因其质地较硬，所以又称硬石膏。

水泥生产中使用石膏主要是利用石膏与硅酸盐矿物生成的中间矿物，降低水泥的水化速度，延缓水泥的凝结时间，增进水泥强度以及改善水泥某些施工性能，如干缩性和抗冻性能等。但过多的石膏会引起水泥的体积安定性和其他部分性能的恶化。因此水泥中的石膏掺加量必须有所限制。石膏的掺加量通常采用水泥产品中的 SO_3 含量进行控制。各国水泥标准对于水泥中的 SO_3 的含量控制基本一致，约为2.5%～3.0%。

第三节 水泥的粉磨

水泥熟料通过粉磨后，表面积增加得越多，水化作用越快；施工过程中只有小于一定粒度的水泥熟料颗粒才能进行水化反应，因而只有磨到一定细度的水泥才能具有一定的强度。单纯从强度观点出发，最好把熟料磨细一些，但是在实际生产中粉磨过细会使磨机产量显著下降，电耗急剧增加。各国水泥标准均对水泥细度提出要求，水泥细度大多控制在 88 μm 筛余 4%～6%，或勃氏比表面积 300 m^2/kg。这些标准对细度要求一般要求并不高，但是作为强制执行的国家标准，实际反映了国家对于水泥产品的市场准入要求。但考虑市场竞争，各个水泥生产企业通常提高水泥细度，以缩短水泥凝结时间，提高水泥早期强度，提高市场竞争力。因此市场上水泥细度趋于较大幅度高出国家水泥标准。

一、球磨系统

开流磨系统的主要优点是流程简单，生产可靠，设备和土建费用低。它的缺点是粉磨高标号水泥时，即比表面积超过 3 000 cm^2/g时，电耗增加较大，为了控制开流磨的产品细度，水泥磨机的通风将大大受限，水泥生产过程中产生过高的温度，将很难降下来。另外，产品细度也不易调节。因此对于大型水泥磨系统，几乎完全是采用闭路系统。

20 世纪 60 年代后期，继单仓和多仓管磨一级闭路的基础上发展了一种双仓中长磨闭路系统。它弥补了单仓短磨由于粉磨线路太短，在粉磨比表面积较高情况下，循环负荷过大以及产量要求高时直径太大的缺点。另外它又克服了多仓长磨粉磨线路太长，效率低的缺点。所以这种双仓中长磨一级闭路系统对粉磨不同细度的水泥来说，适应性较强，尤其对比表面积高的水泥粉磨效率高，循环负荷适宜。至今，采用双仓闭路系统，是世界水泥工业发展中的主要形式。图 9－2 为闭路水泥磨系统工艺流程图。

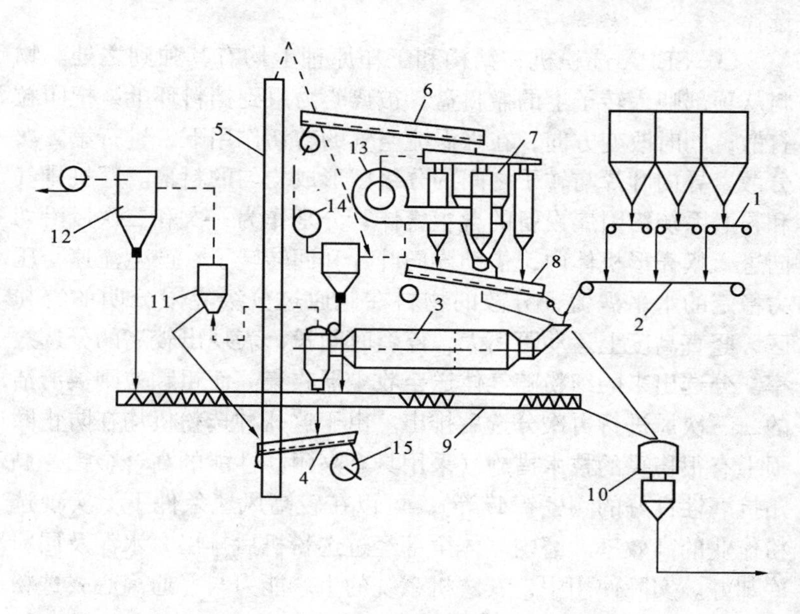

图 9－2　一级闭路双仓中长磨水泥粉磨系统

1—计量称；2—喂料胶带机；3—双仓水泥磨；4—出料斜槽；5—提升机；6—输送斜槽；7—旋风式选粉机；8—成品输料斜槽；9—成品螺旋输送机；10—输送泵（单仓泵或螺旋泵）；11—粗粉分离器；12—袋收尘器；13—选粉风机；14—收尘风机；15—斜槽风机

二、高效选粉机

新型高效选粉机有日本小野田水泥公司的 O－SEPA 选粉机、史密斯公司的 SEPAX 选粉机以及美国斯图特公司的 SD 侧进风型选粉机等，均在物料的分散、气流流向、物料运动和分级性能方面有很大改进。O－SEPA 选粉机已引进消化，在国内组织生产。根据这些高效选粉机的工作原理，我国的建材机械企业，也开发了一些类似的高效选粉机。使我国水泥预分解生产线在进行建设筹划时，利用市场竞争，满足建设需求，有了更多的选择。

O－SEPA 选粉机在结构和工作原理上均有其独到之处。物料从顶部喂入转子上的撒料盘，被离心力甩到挡料环上，把团粒打散；同时改变方向，在强涡流空气的剪切作用下，进行第二次分散。导向叶片与转子之间的分级区形成均匀的料幕。磨机排气和粉磨系统内附属设备的含尘气体，分别作为一次和二次风沿切向进入蜗壳形机体内，借助导向叶片和回转转子，产生流速与压力稳定的水平涡流，分散的物料在此通过分级界限分明的选粉区，竖直高度上运动距离大，停留时间长，表现出较高的分选效率。分选出来的细粉随气体送至收尘器收集。而粗颗粒则被清洁的二三次风进行再次分选后排出。由于这几种选粉机均在防止磨损上有很稳妥的技术措施（采用具有高耐磨性能的高合金钢，黏贴抗磨性良好的陶瓷锦砖等），可以在较高风速条件下，实现选粉作业的高效率。磨内气体全部经过选粉机后排出，水泥及回粉冷却好。实际使用中，其磨机系统的生产能力与普通离心式选粉机相比，约提高 15%，节电约 10%～15%。尤其在产品粉磨细度要求较高时，与普通选粉机相比，有更高的效率。

三、辊压机

辊压机是两个相对运转的料辊，在很高的压力下，对物料进行挤压，实现破碎和粉磨过程的粉磨机械。辊压机的成功应用，得利于高压料层粉碎理论的发展。该理论认为固体物料受外界压力时产生压缩变形和应力集中，当应力达到颗粒某一最弱的轴向破坏应力极限时，颗粒就会在最弱处发生碎裂。固体物料受压而粉碎的难易程度，可用脆性值 B_r 衡量：

$$B_r = \frac{N_c}{N_t}$$

式中 N_c——为抗压强度；

N_t——为抗拉强度。

脆性值越大，物料越易被压碎。脆性值大而坚硬的物料，其粉碎功的利用率高。水泥工业中熟料的物性是非常适应这种设备进行粉磨的。

应用这一原理，开发出的辊压机由固定辊和滑动辊组成的，其相向的转动的磨辊依靠摩擦，将需粉碎的物料带入挤压区，滑动辊在液压缸的驱动下，使辊间的挤压破碎区，在与物料接触的区域内，产生 500～1 000 MPa 的压力，使物料破裂。其辊筒的表面多用堆焊，表面硬度可达到 HRC 55—58，硬化层厚度可达 6～7 mm。辊压机设置了液压系统以及相应的监测和控制系统，使系统能够以稳定的压力和辊间隙正常运转。

对于一定的物料，有一个相应的被压碎至理想状态的临界压力。当辊压力稍大于临界压力时，料层中的细粉已达到相当数量，继续增大压力只能使少量大颗粒处于细粉包围之中，对于继续粉碎产生不良影响。因此一般控制出辊压机的物料为用手可轻松搓碎的扁平料饼即可。

辊压机能量利用率高于其他的粉磨设备。由于慢速挤压，其研磨部件的磨损较小。自 1985 年问世以来，我国部分建材机械企业先后引进德国洪堡公司设备、生产技术，一些水泥研究设计院也先后研制小型辊压机，取得节电 14%～30%的效果。并根据不同条件，开发出开路、闭路、半闭路、生料终粉磨系统及相应配套的打散机等设备。但是还有部分未完全解决的技术问题，也一直困扰着辊压机的使用。

物料与磨辊之间由于主要表现为静摩擦，其磨损速度及磨辊的维修周期，尚能为用户接受，但物料与辊压机侧板的摩擦，主要表现为动摩擦，磨损速度快，维修周期短。一旦侧板出现较大的间隙，辊压机出料的粒度分布将恶化，通过辊压机边部的物料将得不到良好的挤压；之后的管磨机的研磨介质的球径级配，又不可能随着入磨物料粒度变化而及时调整，因而不可避免地造成系统粉磨效率大幅下降。采用打散机实现闭路预粉磨，虽然能够解决这一问题，但又因系统过于复杂，系统运转率低，轴承、液压系统、辊子在高压负荷下运转，使用寿命不理想。凡此种种均造成辊压机运转率低下，维修费用较高。

由于以上原因，辊压机在我国水泥行业中的应用，一度曾陷入困境。但近年设备和工艺系统的一系列改进，同时也因水泥生产线规模的扩大，也没有更好的设备及系统解决单机高产的水泥粉磨问题，所以辊压机用于水泥预粉磨系统，又有了一定程度的发展，并取得了较好的效益。这主要是：

降低推动动磨辊向静磨辊运行的液压缸液压系统的压力，从而提高液压系统工作的可靠性。由于动静磨辊间的压力有所降低，使辊压机的挤压效果有所降低。采用适当降低辊压机技术指标的方法，提高辊压机的运转率。为此，用极为简单的分料阀闭路预粉磨系统，取代繁杂的打散机预粉磨系统。

从辊压机的诞生到现在，已经有二十余年的使用历史。在使用初期，给予其过高的期望值，选定了一些过于勉强、脱离实际的技术参数，导致了辊压机预粉磨系统运转率的下降。在拥有一定的使用经验后，人们适当降低部分工艺参数，提高打散机和预粉磨系统的运转率，使辊压机预粉磨系统真正进入了实用阶段。

四、水泥粉磨的 CKP 系统

辊式磨由于粉磨过程中的高效率，采用辊式磨研磨水泥，一直是水泥界梦想的工艺。但辊式磨粉磨产品，存在产品粒径分布较窄，小于 30 μm 的颗粒数量较少，因此将引起水泥水化速度慢，强度尤其是早期强度不足的问题。因而辊式磨用于水泥成品的终粉磨，一直是一个难于逾越的障碍。在这种情况下，采用辊式磨作为预粉磨 CKP 系统就应运而生了。

20 世纪末，日本国川崎公司率先在大型水泥粉磨系统采用辊式磨作为水泥预粉磨，创造了水泥粉磨的所谓“CKP”系统。采用该系统大大降低了水泥粉磨电耗，使水泥粉磨电耗降低到每吨不足30度的高水平。由于大量的粉磨过程在冷却效果极好的辊式磨中完成，对于降低水泥温度，防止石膏脱水，也具有良好的技术优势。在目前，由于CKP系统对于辊式磨的特殊要求，大型辊式磨的水泥预粉磨系统的设备制造技术我国还没有完全掌握。全套设备进口费用高昂，使国内推广CKP系统，在投资上还存有一定的障碍。

对于采用辊式磨直接完成水泥的终粉磨，在国际水泥界已经有成功的报道。莱歇公司的终粉磨系统通过辊式磨的选粉机的改造，实现了水泥产品的宽粒度分布，小于30 μm的水泥颗粒比例大幅度提高，水泥熟料颗粒的微观形态，也实现了圆形的优化。因此采用辊式磨作为水泥的终粉磨，其水泥的物化性能，与管磨机相比，毫不逊色。我国安徽朱家桥水泥有限公司通过技术和装备引进，于2000年开始了辊式磨完成水泥熟料终粉磨的工业试验。虽然辊式磨完成水泥熟料终粉磨的成功报道不绝于耳，但国际水泥界对于熟料颗粒的微观形态是否理想，一直心存疑虑。

第十章　水泥的储存与包装

第一节　水泥储存

出磨水泥进入水泥储库。水泥储存有以下作用：

1. 严格控制水泥质量。大中型水泥厂，水泥熟料质量稳定，用快速测定法几小时即可获得强度检验结果，但一般应看到三天强度检验结果，确认28天抗压强度具有富余2.5 MPa以上的把握方可出库，确保出厂水泥全部合格。

2. 改善水泥的质量。在存放过程中水泥吸收空气中的水分，使水泥所含的游离氧化钙消解。同时，在存放过程中，储存水泥的温度有所下降，有利水泥的输送与包装。

3. 水泥库可以起调节缓冲作用，以适应水泥粉磨车间的连续作业和水泥市场的季节性变化，有利于水泥包装并及时出厂。

现代化的水泥工厂所采用的水泥库主要是圆柱形混凝土库，但出料方式、库底结构已经一改传统的锥斗结构的出料方式，取而代之的是设有充气装置的约有15°的斜底库。该库以罗茨风机进行充气助卸，以提高储库的卸空率，使水泥库的储存效率有所提高。库底设置有气动卸料阀和输送装置，可以将水泥快速卸出，并由输送系统转送至水泥包装和散装系统。

第二节　水泥的包装和散装

为了便于运输和使用，出厂水泥根据市场需求，采用袋装和散装两种形式。袋装通常采用纸袋、编织袋或编织物和包装纸结合的复合袋，每袋水泥净重 50 kg。散装水泥则采用专用的散装车将出库水泥直接送至水泥使用点。

一、包装机

包装机主要分两种类型，即回转式包装机和固定式包装机。

1．回转式包装机

回转式包装机向包装袋灌注水泥基本有两种形式：一种采用压缩空气使水泥流态化，气力助卸；另一种是依靠叶轮强迫灌装式，通过灌装嘴灌入水泥袋内。这种包装机可用自动插袋机和码包机实现包装作业的全部自动化。由于这种自动化系统投资较高，对于水泥包装袋的质量及标准化程度要求较高，因此应用并不普遍。目前，我国企业多数采用人工插袋（将空包装袋插在包装机的灌装嘴上）作业，和人工辅助卸袋作业，以降低投资。其余工序如灌装、秤量、卸装等按程序自动进行。回转式包装机单机生产能力较大，回转式六嘴包装机能力为 90～110 t/h左右。但这是指采用全套机械化插袋和卸袋条件下，所能达到的技术指标。通常条件下，仅能达到 60～70 t/h，这是我们通常在进行生产技术平衡时，所能采用的可靠参数。图 10－1 是中国引进德国哈佛公司技术生产的六嘴包装机结构图，由回转水泥仓、回转电动机、料位控制器、灌装工作机构、计量机构、搅拌器、主传动装置、空气管路等部分组成。这种包装机采用叶轮强迫灌装式，进入包装袋的空气量较少、收尘风量较小、包装袋破损也较少。

包装机的整个回转部分通过主轴悬吊在楼面的机座上，主轴的上端与主传动装置相连，可调速的主电动机运转时，通过主传动箱带动主轴和固定在主轴下端的水泥回转仓，作回转运动（由顶部俯视）。灌装机构同灌装咀均匀分布在回转水泥仓的外壁上，随回转仓一起回转。每个灌装嘴在回转一周的过程中，连续完成灌装水泥的各种作业。包装机的每一个叶轮和灌装嘴及计量控制系统构成一个单元，可以在发生故障时整体拆下另换一个备品，一个单元的故障不影响其他单元的工作，因此运转率较高。

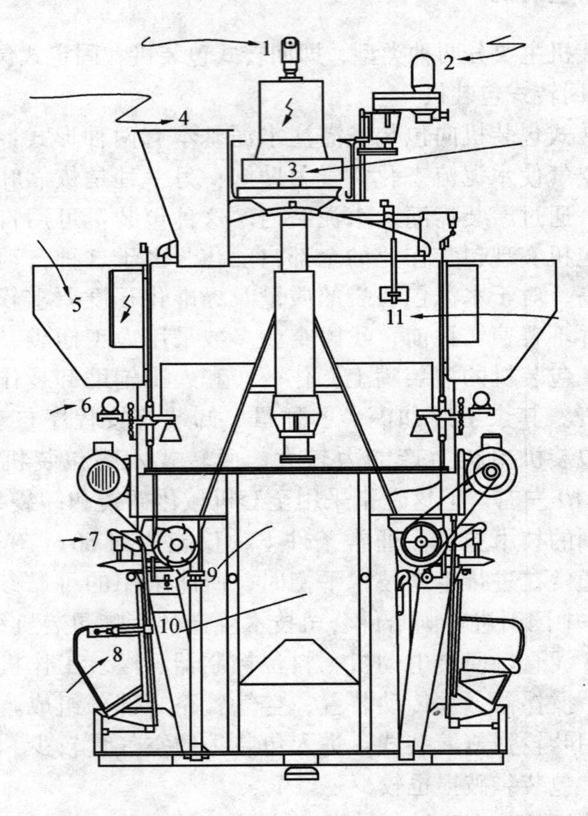

图 10-1 哈佛六嘴回转式包装机

1—空气和电源入口；2—电机；3—主轴承；4—水泥入口；5—计量秤；6—压缩系统；7—装袋灌嘴；8—水泥袋承座；9—快速停装旁路；10—回灰和收尘；11—料位控制器

由于回转式包装机的单机效率较高，工人劳动强度较轻，工作点比较集中，收尘负荷较小，因而对于 50 t/h 以上的产量需求时，原则上应选用回转包装机。

2．固定式包装机

固定式包装机有螺旋式包装机、单嘴叶轮自卸式包装机和多嘴叶轮式包装机。它具有重量轻、体积小、便于安装维护等优点。

图 10－2 为固定四嘴包装机，其单体与六嘴包装机是一样的，也就是说，四嘴包装机是以固定料仓作为支撑，而六嘴包装机以回转的料仓作为支撑平台。该机灌装与计量同时进行，并能自动定量进行机械化作业。水泥由进料装置中的给料器喂入包装机的四个室，卸料室中设有高速转动的“十”字形叶轴。水泥受回转叶片的作用，从卸料室沿切线方向的鸭嘴形出料口喷出并灌入水泥袋内。在重量达到 50 kg 时，包装机上的专设机构将中断灌装作业，将水泥包卸至胶带输送机上运走。

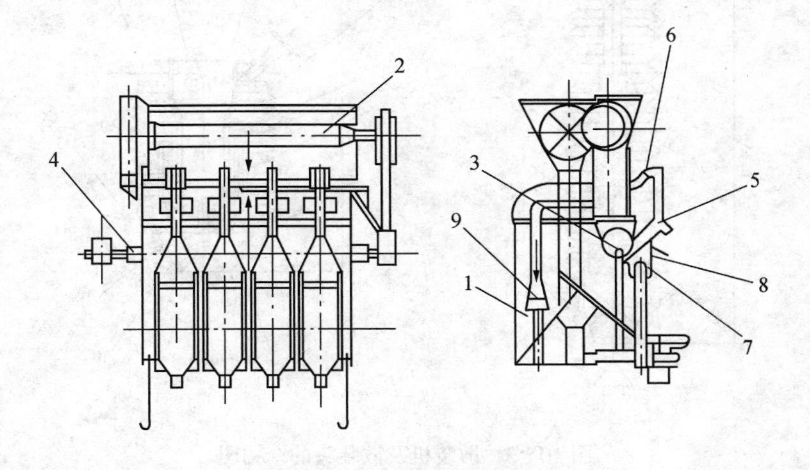

图 10－2　固定四嘴包装机

1—机身；2—进料装置；3—卸料室；4—传动轴；5—出料控制机构；6—定重架；7—包装架；8—出料嘴；9—定重装置

这一类包装机大多采用引进的技术，基本采用电子称量技术，装包的精度可达到 + 600～200 g/包。包装机的插袋设置在一个较大的抽气罩内，散落的水泥设有回收及清扫系统，较好地处理了系统的收尘。由于这一类包装机系统采用了气动设备作为阀门快速开启和关闭的手段，阀门的启闭时间直接关系到计量的准确。气动系统对于压缩空气的洁净有较高要求，因而对于压缩空气的除水除尘等应予充分重视。

二、水泥库用散装机

一般现代化干法厂考虑散装水泥的发送，均设置专用的水泥散装库或在水泥库库侧设置水泥散装机。散装机可满足火车或汽车的散装装车要求。散装机及散装头如图 10－3 所示。

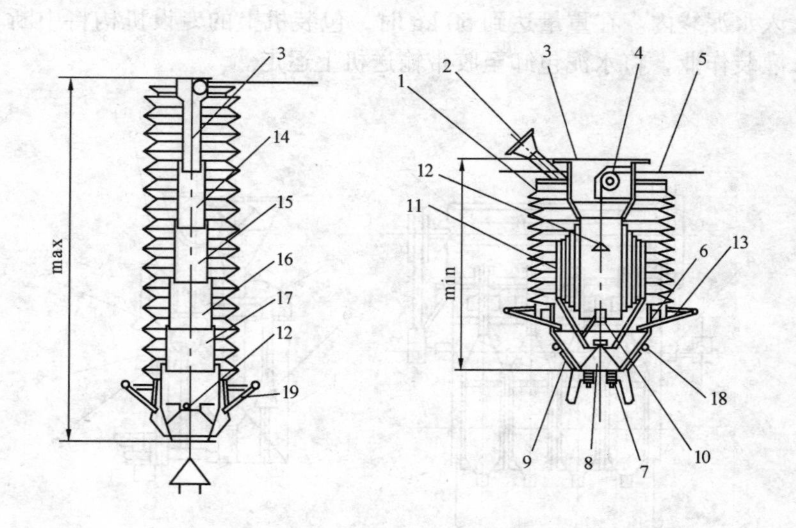

图 10－3　散装机及散装头的结构图

1—外接缩套；2—收尘法兰；3—溜子；4—滑轮；5—钢索；6—振动器；7—料位计；8—锥阀；9—锥形斗；10—钢索座；11—漏斗；12—卡头；13—圆钢套；14、15、16、17—内套筒一、二、三、四；18—漏斗圆钢套；19—托杆

散装机不工作时，内外套筒收缩，借锥阀和钢索把散装头悬吊着。当装卸水泥时，内外套可以节节下降，直到下部的锥形斗插入罐口中为止。锥形斗插入罐口后就被罐口托住，两者密切接触实现密封。而内套继续下降直到卡头与钢索座接触为止。此时，水泥就能畅通无阻地卸入罐中。当散装车料面达到一定高度时，料位计发出信号中断卸料，并使散装头升起。包装期间的废气通过内外套之间的环形管道吸到收尘器中，净化后排空。

第十一章　水泥物理检验标准及方法

世界各国水泥物理检验标准根据各自的情况有所不同，现在各国趋向采用国际标准ISO，中国现采用的水泥物理检验标准基本等同于ISO 679、ISO 9597及ISO 2474水泥物理检验标准。为了保证水泥成品的合格，生产过程中的半成品也要进行相关性能的检测。下面分别就水泥的比表面积、细度、凝结时间、沸煮安定性和强度等性能的检验方法加以介绍。这些物理性能的检测方法在GB和ISO标准中均作了明确的规定。

第一节　水泥细度的测定

一、80 μm方孔筛筛析法

应用筛析法来检定和控制水泥产品的质量，主要是控制粉体未通过一定规格的分析筛的筛余量，作为细度控制指标，以保证产品质量。

水泥细度筛析法有干法和湿法两种。

干法采用负压筛析仪，其工作压力为4 000～6 000 Pa。筛析前秤取25 g试样，置于洁净的负压筛中，盖上筛盖，放在筛座上，开动筛析仪连续筛析2 min。筛毕用天平称量筛余物。筛余物的重量乘以4即为水泥的细度。

湿法所用设备包括水筛、筛座和水压为（0.05±0.02）MPa的水喷头组成。试验时称取50 g样品，置于洁净的水筛中，立即用淡水冲洗至大部分细粉通过后放在筛座上，再用水压为(0.05±0.02) MPa的喷头连续冲洗3 min。筛毕用少量水把筛余物冲至蒸发皿中，等水泥颗粒全部沉淀后，小心倒出，清水烘干，并用天平称量筛余物。筛余物的重量乘以 2 即为水泥的细度。

二、水泥透气法比表面积的测定

1．为了测定水泥的比表面积，必须先测定水泥的密度，按 GB 8074 要求水泥密度应按 GB 207 规定进行。

GB 207 规定采用液体排代法求出样品的体积，将样品的重量除以测得的体积，即为该水泥的密度。试验时需感量 0.01 g 的天平、李氏密度瓶和无水煤油，最好有一个恒温水浴，以确保初读数和终读数之间的温差不超过 0.2 ℃。

操作时先将无水煤油注入李氏瓶内至 0～1 mL 刻度之间，放入恒温水浴内半小时使温度稳定，取出后读初读数。接着将已准确称量的水泥样品 60 g 全部加入瓶内，排除瓶内气泡，然后再放入恒温水浴内半小时，最后读出终读数。两次读数之差即为样品的体积，代入下式即可求得该样品的密度：

$$\rho=\frac{G}{V}$$

式中 ρ——水泥样品的密度，g/cm^3；

G——水泥样品的称重，g；

V——水泥的体积，即将第二次读数减去第一次读数，cm^3。

2．透气法比表面积

GB 8074 透气法比表面积的测定采用勃氏透气仪和相应的操作方法。所有的勃氏仪使用时需知道透气圆筒中试料层所占的体积，该体积用水银排代法来标定，并应精确至 0.005 cm^3。如有可能得到比表面积标准物质，则每台勃氏仪可以标出一个标准时间，使得进行比表面积测定的计算简单化。对于常用的勃氏仪，其试料层体积和标准时间应半年标定一次。

水泥在测定比表面积前应充分混匀，使结团的水泥分散，按下式计算试样量：

$$W=\rho V\ (1-\varepsilon)$$

式中　W——需要称取的试样量，g；

ρ——试样的密度，g/cm³；

V——圆筒内试料层占有的体积，cm³；

ε——试料层的孔隙率，硅酸盐水泥取0.50。

样品称量应精确至0.001 g，操作时先在圆筒内的穿孔板上铺一层滤纸片，接着把称好的样品全部倒入圆筒内，并使水泥层平坦后再盖上一层滤纸片，用捣器捣至其支持环与圆筒顶部接触，取出捣器。这个试料层就可进行透气时间测定，但每一水泥层只限测定一次透气时间，每个水泥样品应分别进行两次透气时间的测定。透气时间应精确至0.1 s，根据测得的透气时间代入相应的公式可计算出该水泥样的比表面积。

第二节　水泥凝结时间和沸煮安定性的测定

一、水泥标准稠度用水量的试验方法

将维卡仪的插棒降到底板上调整指针至零刻度处，再将插棒升至备用位置，称取500 g水泥，并称量一定量的水，将水泥倒入事先用拧干的湿毛巾擦过的搅拌锅中，将锅固定在锅座上并提升到工作位置。启动搅拌机，在5～10 s内将水均匀地倒入锅内，全部加完后记下时间作为起点0时，以备凝结测试用。

运行搅拌机120 s后停，在停止后的15 s内用餐刀将黏在锅壁上的水泥浆体刮下，然后立即将浆体装入事先涂过一薄层机油的圆模中，用餐刀插捣几次，再振动几次使浆体填充整个圆模，然后用刀将浆体抹平。将抹平的水泥浆体连同底板立即放在维卡仪上插棒的中心处，慢慢降插棒到与浆体接触，停止1～2 s后突然放松，使插棒垂直插入浆体中，读出并记录插棒不再沉时的刻度值，即插棒底面与底板之间的距离；记录下浆体的用水量，以对水泥质量的百分数表示。改变浆体的加水量，反复进行试

验，直至插棒底面与底板间距为（6±1）mm 为止，此时浆体的用水量为标准稠度用水量。整个测试过程应在搅拌结束后 60 s 内完成，插棒每次插后立即将其表面擦干净。

二、凝结时间的标准试验方法（维卡仪法）

用标准稠度测试方法测得的标准稠度水泥浆体进行凝结时间的测试。将标准稠度测试方法测得的标准稠度水泥浆体重新抹平后放进养护箱中养护。实验前将插棒换成初凝试针，并将试针刺降到底板上调整指针至零刻度处，再将插棒升至备用位置。试件养护至加水后 35 min（一般取水泥规定初凝时间前 10 min）进行第一次测定。

测定时从养护箱中取出圆模放在试针下，拧紧固定螺丝，1~2 s 后突然放松，使试针垂直沉入浆体中，读出试针不再下沉时的刻度值，即试针与底板之间的距离，并记下加水终了至此时的时间间隔，当试针沉至距底板（4±1）mm 时，即为水泥到达初凝状态。临近初凝时，应每隔 5 min 测试一次，从加水终了的时间到此状态的时间间隔即为该水泥的初凝时间。

将使用的水泥浆体的面翻过来，使终凝的测试在与底板接触的试体面上进行。将初凝试针换为终凝试针，如上进行测试。当终凝试针所带圆环首次不在试体上留下印迹的时间即为终凝，临近终凝时，应每隔 15 min 测试一次。从加水终了的时间到终凝试针所带圆环首次不在试体上留下印迹的时间间隔即为该水泥的终凝时间，并记录。

初凝时间最初测试时，为防止试针撞弯，应用手轻扶金属棒，使其徐徐下降，当试针下降有阻力时再由其自由下落。在整个测试过程中试针贯入的位置应距圆模内 10 mm，每次测定完毕，应将试针擦净，并将圆模放回养护箱，整个测定过程中应防止试体受振。

三、沸煮安定性标准检验方法

水泥安定性是指水泥硬化后体积变化的均匀性。水泥中能引起水泥硬化后体积不均匀变化——即安定性不良，其主要因素有：游离氧化钙、方镁石和过量的石膏。GB 175 中硅酸盐水泥的安定性检验采用沸煮法，其标准代号为 GB 1346。

GB 1346 规定用标准稠度净浆成型试件，以成型试件分为试饼法和雷氏夹法两种，当有争议时以雷氏夹法为准。

采用试饼法时，将制好的净浆取出一部分并使之呈球形，放在预先准备好的 100 mm×100 mm 的玻璃板上，轻轻振动玻璃板并用湿布擦过的小刀由边缘向中央抹动，做成直径 70～80 mm、中心厚约 10 mm、边缘渐薄表面光滑的试饼，编号后放入养护箱中养护（24±2）h。养护一天后脱去玻璃板，放入已调好水位的沸煮箱中，然后在（30±5）min 内加热至沸，并恒沸（3h±5）min。待箱体冷却后取出试饼，目测没有裂纹，用直尺检查也没有弯曲的试饼为安定性合格。

采用雷氏夹法时，将制好的净浆装入预先准备好的雷氏夹中，用小刀插捣 15 次然后抹平，盖上涂油的玻璃板，编号后放入养护箱中养护（24±2）h。养护一天后去掉玻璃板，测出试件沸煮前雷氏夹指针尖端间的距离 A_1、A_2。将测长后的试件放入已调好水位的沸煮箱中，然后在（30±5）min 内加热至沸，并恒沸（3h±5）min。待箱体冷却后取出，再测雷氏夹指针尖端间的距离 C_1、C_2。然后计算结果，并根据判据判定安定性是否合格。

第三节　水泥强度测定

根据 GB 175 要求，水泥胶砂强度测定按《水泥胶砂强度试验方法》GB/T 17671 进行。

该方法的要点如下：

1．胶砂组成和试件尺寸

（1）标准砂三级级配砂，粒度范围

粒　径（mm）	2.0	1.6	1.0	0.5	0.16	0.08
累计筛余（%）	0	7±5	33±5	67±5	87±5	99±1

（2）灰砂比

灰砂比为1∶3.0。

（3）水灰比

水灰比为0.50。

（4）试件尺寸

试件尺寸为40 mm×40 mm×160 mm。

2．试验室温湿度

试验室及试验用的材料、工具等温度应在（20±2）℃范围内，试验室的相对湿度应大于50%。试件湿气养护箱和养护水的温度为（20±1）℃，湿气箱的相对湿度应大于90%。

3．试件的制备和养护

（1）胶砂的制备

搅拌一锅胶砂的材料量为：

材　料	水　泥	标准砂	水
用　量	450 g	1 350 g	225 mL

胶砂的搅拌用国际通用的，能同时自转和公转的行星式搅拌机，搅拌程序按GB/T 17671规定进行，即先加水再加水泥，然后慢速搅拌30 s，接着边慢速搅拌边加砂30 s，再高速搅拌30 s，停90 s，再高速搅拌60 s。

（2）试件成型

按GB/T 17671规定搅拌好的胶砂用搅拌勺先搅拌几次，然后分两次装模成型。

第一层装至试模的三分之二高（约 300 g 胶砂），用大播料器往复将胶砂播平。按下振实台控制器开关，启动振实台振动 60 次。之后将剩余胶砂全部装入试模，用小播料器再往复将物料播平，再振动 60 次。取下试模，用直边尺垂直沿试模顶面以锯割方式将多余胶砂刮去，然后再以水平方式抹平。

（3）试件养护

成型完毕，立刻将试模移入湿气养护箱养护 24 h 后脱模，除 1 d 龄期的试件外其余试件放入（20 ± 1）℃的养护水中养护至规定龄期。龄期的允许公差为：

试验龄期	24 h	3 d	7 d	28 d
允许公差	± 15 min	± 45 min	± 2 h	± 8 h

4．强度的测定

到龄期的试件取出进行强度测定。

如需要抗折强度，测定时先进行抗折强度试验。试验时将试体放入抗折夹具中，并保证试体中心与抗折夹具中心重合，启动抗折机将试体折断并记录试体破坏时的最大荷载。如无需抗折强度，可用适当的方法将试体折断。

抗压强度的测定在折断后的两截试体上进行。试验时将折断后的半截试体的侧面放在压板中心，然后以（2 400 ± 200）N/s 的加荷速度均匀升压将试件压碎，记下最大荷载值。

用这荷载除试件受压面积（1 600 mm^2），即为试件的抗压强度。

第十二章 水泥及其原材料化学分析方法

第一节 试剂与设备

波特兰水泥化学分析方法主要按照 ISO 680—1990 和 GB/T 176—1996《水泥化学分析方法》进行。

一、试剂和材料

分析过程中，只应使用蒸馏水或同等纯度的水；所有试剂应为分析纯或优级纯试剂；用于标定与配制标准溶液的试剂，除另有说明外应为基准试剂。

除另有说明外，% 表示“%（m/m）”。本标准使用的市售浓液体试剂具有下列密度 ρ（20 ℃，单位 g/cm^3）或%（m/m）：

——盐酸（HCl） 1.18～1.19 g/cm^3 或 36%～38%；

——氢氟酸（HF） 1.13 g/cm^3 或 40%；

——硝酸（HNO_3） 1.39～1.41 g/cm^3 或 65%～68%；

——硫酸（H_2SO_4） 1.84 g/cm^3 或 95%～98%；

——冰醋酸（CH_3COOH） 1.049 g/cm^3 或 99.8%；

——磷酸（H_3PO_4） 1.68 g/cm^3 或 85%；

——氨水（$NH_3 \cdot H_2O$） 0.90～0.91 g/cm^3 或 25%～28%。

在化学分析中，所用酸或氨水，凡未注明浓度者均指市售的浓酸或氨水。用体积比表示试剂稀释程度，例如：盐酸（1+2）表示：1 份体积的浓盐酸与 2 份体积的水相混合。

1．盐酸（1+1）；（1+2）；（1+11）；（1+5）。

2．硫酸（1+2）；（1+1）；（1+9）。

3. 氨水（1+1）；（1+2）。

4. 氢氧化钠（NaOH）。

5. 氢氧化钾（KOH）。

6. 氯化铵（NH_4Cl）。

7. 氢氧化钾溶液（200 g/L）：将 200 g 氢氧化钾溶于水中，加蒸馏水稀释至 1 L。储存于塑料瓶中。

8. 硝酸银溶液（5 g/L）：将 5 g 硝酸银（$AgNO_3$）溶于水中，加 10 mL 硝酸（HNO_3），用蒸馏水稀释至 1 L。

9. 抗坏血酸溶液（5 g/L）：将 0.5 g 抗坏血酸（V.C）溶于 100 mL 蒸馏水中，过滤后使用，用时现配。

10. 焦硫酸钾（$K_2S_2O_7$）：将市售焦硫酸钾在瓷蒸发皿中加热熔化，待气泡停止发生后，冷却、砸碎、储存于磨口瓶中。

11. 氯化钡溶液（100 g/L）：将 100g 二水氯化钡（$BaCl_2 \cdot 2H_2O$）溶于蒸馏水中，加蒸馏水稀释至 1 L。

12. 二安替比林甲烷溶液（30 g/L 盐酸溶液）：将 15 g 二安替比林甲烷（$C_{23}H_{24}N_4O_2$）溶于 500 mL 盐酸（1+11）中，过滤后使用。

13. 碳酸铵溶液（100 g/L）：将 10 g 碳酸铵［$(NH_4)_2CO_3$］溶于 100 mL 蒸馏水中。

14. EDTA－Cu：按［c（EDTA）＝0.015 mol/L］EDTA 标准滴定溶液与［c（$CuSO_4$）＝0.015 mol/L］硫酸铜标准滴定溶液的体积比，准确配制成等浓度的混合溶液。

15. pH 3 的缓冲溶液：将 3.2 g 无水乙酸钠（CH_3COONa）溶于水中，加 120 mL 冰乙酸（CH_3COOH），用蒸馏水稀释至 1 L，摇匀。

16. pH 4.3 的缓冲溶液：将 42.3 g 无水乙酸钠（CH_3COONa）溶于水中，加 80 mL 冰乙酸（CH_3COOH），用蒸馏水稀释至1 L，摇匀。

17. pH 10 缓冲溶液：将 67.5 g 氯化铵（NH_4Cl）溶于水中，加 570 mL 氨水，加水稀释至 1 L，摇匀。

18. 无水碳酸钠。

19. 氢氧化钠溶液（10 g/L）：将 10 g 氢氧化钠（NaOH）溶于蒸馏水中，加蒸馏水稀释至 1 L，储存于塑料瓶中。

20. 三乙醇胺［$N(CH_2CH_2OH)_3$］：(1+2)。

21. 酒石酸钾钠溶液（100 g/L）：将 100 g 酒石酸钾钠（$C_4H_4KNaO_6 \cdot 4H_2O$）溶于蒸馏水中，稀释至 1 L。

22. 氯化钾（KCl）：颗粒粗大时，应研细后使用。

23. 氟化钾溶液（150 g/L）：称取 150 g 氟化钾（$KF \cdot 2H_2O$）溶于蒸馏水中，稀释至 1 L，储存于塑料瓶中。

24. 氟化钾溶液（20 g/L）：称取 20 g 氟化钾（$KF \cdot 2H_2O$）溶于蒸馏水中，稀释至 1 L，储于塑料瓶中。

25. 氯化钾溶液（50 g/L）：将 50 g 氯化钾（KCl）溶于蒸馏水中，用蒸馏水稀释至 1 L。

26. 氯化钾－乙醇溶液（50 g/L）：将 5 g 氯化钾（KCl）溶于 50 mL 蒸馏水中，加入 50 mL95%（V/V）乙醇（C_2H_5OH），混匀。

27. 氯化锶溶液（锶 50 g/L）：将 152.2 g 氯化锶（$SrCl_2 \cdot 6H_2O$）溶解于蒸馏水中，稀释至 1 L，必要时过滤。

28. 阳离子交换树脂：001×7 苯乙烯型强酸性阳离子交换树脂（1×12）。

29. 硝酸铵溶液（20 g/L）：将 20 g 硝酸铵溶于蒸馏水中，加蒸馏水稀释至 1 L，摇匀。

30. 二氧化钛（TiO_2）标准溶液。

(1) 标准溶液的配制

称取 0.100 0 g 经高温灼烧过的二氧化钛（TiO_2），精确至 0.000 1 g，置于铂（或瓷）坩埚中，加入 2 g 焦硫酸钾，在

500～600 ℃下熔融至透明。熔块用硫酸（1+9）浸出，加热至50～60 ℃使熔块完全溶解，冷却后移入1 000 mL容量瓶中，用硫酸（1+9）稀释至标线，摇匀。此标准溶液每毫升含有0.1 mg二氧化钛。

吸取100.00 mL上述标准溶液于500 mL容量瓶中，用硫酸（1+9）稀释至标线，摇匀。此标准溶液每毫升含有0.02 mg二氧化钛。

（2）工作曲线的绘制

吸取每毫升含有0.02 mg二氧化钛的标准溶液0、2.50、5.00、7.50、10.00、12.50、15.00 mL分别放入100 mL容量瓶中，依次加入10 mL盐酸（1+2）、10 mL抗坏血酸溶液、5 mL95%（V/V）乙醇、20 mL二安替比林甲烷溶液，用蒸馏水稀释至标线，摇匀。放置40 min后，使用分光光度计，10 mm比色皿，以蒸馏水作参比，于420 nm处测定溶液的吸光度。用测得的吸光度作为相对应的二氧化钛含量的函数，绘制工作曲线。

31. 氧化钾（K_2O）、氧化钠（Na_2O）标准溶液

（1）氧化钾标准溶液的配制

称取0.792 g已于130～150 ℃烘过2 h的氯化钾（KCl），精确至0.000 1 g，置于烧杯中，加蒸馏水溶解后，移入1 000 mL容量瓶中，用蒸馏水稀释至标线，摇匀，储存于塑料瓶中。此标准溶液每毫升相当于0.5 mg氧化钾。

（2）氧化钠标准溶液的配制

称取0.943 g已于130～150 ℃烘过2 h的氯化钠（NaCl），精确至0.000 1 g，置于烧杯中，加蒸馏水溶解后，移入1 000 mL容量瓶中，用蒸馏水稀释至标线，摇匀，储存于塑料瓶中。此标准溶液每毫升相当于0.5 mg氧化钠。

（3）工作曲线的绘制

① 用于火焰光度法的工作曲线的绘制

吸取按1.31.1配制的每毫升相当于0.5 mg氧化钾的标准溶液0、1.00、2.00、4.00、6.00、8.00、10.00、12.00 mL和按1.31.2配制的每毫升相当于0.5 mg氧化钠的标准溶液0、1.00、2.00、4.00、6.00、8.00、10.00、12.00 mL以一一对应的顺序，分别放入100 mL容量瓶中，用水稀释至标线，摇匀。使用火焰光度计按仪器使用规程进行测定，用测得的检流计读数作为相对应的氧化钾和氧化钠含量的函数，绘制工作曲线。

32．氧化镁（MgO）标准溶液

（1）标准溶液的配制

称取1.000 g已于600 ℃灼烧过1.5 h的氧化镁（MgO），精确至0.000 1 g，置于250 mL烧杯中，加入50 mL蒸馏水，再缓缓加入20 mL盐酸（1+1），低温加热至全部溶解，冷却后移入1 000 mL容量瓶中，用水稀释至标线，摇匀。此标准溶液每毫升含有1.0 mg氧化镁。

吸取25.00 mL上述标准溶液于500 mL容量瓶中，用蒸馏水稀释至标线，摇匀。此标准溶液每毫升含有0.05 mg氧化镁。

（2）工作曲线的绘制

吸取每毫升含有0.05 mg氧化镁标准溶液0、2.00、4.00、6.00、8.00、10.00、12.00 mL分别放入500 mL的容量瓶中，加入30 mL盐酸及10 mL氯化锶溶液，用蒸馏水稀释至标线，摇匀。将原子吸收光谱仪调节至最佳状态，在空气-乙炔火焰中，用镁元素空心阴极灯，于285.2 nm处，以水校零测定溶液的吸光度。用测得的吸光度作为相对应的氧化镁含量的函数，绘制工作曲线。

33．碳酸钙基准溶液［c（$CaCO_3$）=0.024 mol/L］

称取0.6 g（m_1）已于105～110 ℃烘过2 h的碳酸钙（$CaCO_3$），精确至0.000 1 g，置于400 mL烧杯中，加入约100 mL蒸馏水，盖上表面皿，沿杯口滴加盐酸（1+1）至碳酸钙全部溶解，加热煮沸数分钟将溶液冷至室温，移入250 mL容量瓶中，用蒸馏水稀释至标线，摇匀。

34. EDTA 标准滴定溶液［c（EDTA）＝0.015 mol/L］

（1）标准滴定溶液的配制

称取约 5.6 gEDTA（乙二胺四乙酸二钠盐）置于烧杯中，加约 200 mL 蒸馏水，加热溶解，过滤，用蒸馏水稀释至 1 L。

（2）EDTA 标准滴定溶液浓度的标定

吸取 25.00 mL 碳酸钙基准溶液于 400 mL 烧杯中，加蒸馏水稀释至约 200 mL，加入适量 CMP 混合指示剂，在搅拌下加入氢氧化钾溶液到出现绿色荧光后再过量 2～3 mL，以 EDTA 标准滴定溶液滴定至绿色荧光消失并呈现红色。EDTA 标准滴定溶液的浓度按式（1）计算：

$$c\mathrm{EDTA}=\frac{m_1\times25\times1\,000}{250\times V_4\times100.09} \tag{1}$$

式中 c（EDTA）——EDTA 标准滴定溶液的浓度，mol/L；

V_4——滴定时消耗 EDTA 标准滴定溶液的体积，mL；

m_1——按 1.33 配制碳酸钙基准溶液的碳酸钙的质量，g；

100.09——$CaCO_3$ 的摩尔质量，g/mol。

（3）EDTA 标准滴定溶液对各氧化物滴定度的计算

EDTA 标准滴定溶液对三氧化二铁、三氧化二铝、氧化钙、氧化镁的滴定度分别按式（2）（3）（4）（5）计算：

$$T_{Fe_2O_3}=c\,(\mathrm{EDTA})\times79.84 \tag{2}$$

$$T_{Al_2O_3}=c\,(\mathrm{EDTA})\times50.98 \tag{3}$$

$$T_{CaO}=c\,(\mathrm{EDTA})\times56.08 \tag{4}$$

$$T_{MgO}=c\,(\mathrm{EDTA})\times40.31 \tag{5}$$

式中 $T_{Fe_2O_3}$——每毫升 EDTA 标准滴定溶液相当于三氧化二铁的毫克数，mg/mL；

$T_{Al_2O_3}$——每毫升 EDTA 标准滴定溶液相当于三氧化二铝的毫克数，mg/mL；

T_{CaO}——每毫升 EDTA 标准滴定溶液相当于氧化钙的毫克数，mg/mL；

T_{MgO}——每毫升 EDTA 标准滴定溶液相当于氧化镁的毫克数，mg/mL；

c(EDTA)——EDTA 标准滴定溶液的浓度，mol/L；

79.84——（$1/2Fe_2O_3$）的摩尔质量，g/mol；

50.98——（$1/2Al_2O_3$）的摩尔质量，g/mol；

56.08——CaO 的摩尔质量，g/mol；

40.31——MgO 的摩尔质量，g/mol。

35. 氢氧化钠标准滴定溶液[c(NaOH) = 0.15 mol/L]

（1）标准滴定溶液配制

将 60 g 氢氧化钠（NaOH）溶于 10 L 蒸馏水中，充分摇匀，储存于带胶塞（装有钠石灰干燥管）的硬质玻璃瓶或塑料瓶内。

（2）氢氧化钠标准滴定溶液浓度的标定

称取约 0.8 g（m_2）苯二甲酸氢钾（$C_8H_5KO_4$），精确至 0.000 1 g，置于 400 mL 烧杯中，加入约 150 mL 新煮沸过的已用氢氧化钠溶液中和至酚酞呈微红色的冷水，搅拌使其溶解，加入 6～7 滴酚酞指示剂溶液，用氢氧化钠标准滴定溶液滴定至微红色。

氢氧化钠标准滴定溶液的浓度按式（6）计算：

$$c(\mathrm{NaOH}) = \frac{m_2 \times 1\,000}{V_7 \times 204.2} \tag{6}$$

式中 c(NaOH)——氢氧化钠标准滴定溶液的浓度，mol/L；

V_7——滴定时消耗氢氧化钠标准滴定溶液的体积，mL；

m_2——苯二甲酸氢钾的质量，g；

204.2——苯二甲酸氢钾的摩尔质量，g/mol。

氢氧化钠标准滴定溶液对二氧化硅的滴定度按式（7）计算：

$$T_{sio_2} = c(\mathrm{NaOH}) \times 15.02 \tag{7}$$

式中　T_{sio_2}——每毫升氢氧化钠标准滴定溶液相当于二氧化硅的毫克数，mg/mL；

$c(\mathrm{NaOH})$——氢氧化钠标准滴定溶液的浓度，mol/L；

15.02——（$1/4SiO_2$）的摩尔质量，g/mol。

36．氢氧化钠标准滴定溶液[$c(\mathrm{NaOH}) = 0.06$ mol/L]

（1）标准滴定溶液配制

将24 g氢氧化钠（NaOH）溶于10 L蒸馏水中，充分摇匀，储存于带胶塞（装有钠石灰干燥管）的硬质玻璃瓶或塑料瓶内。

（2）氢氧化钠标准滴定溶液浓度的标定

称取约0.3 g（m_2）苯二甲酸氢钾（$C_8H_5KO_4$），精确至0.000 1 g，置于400 mL烧杯中，加入约150 mL新煮沸过的已用氢氧化钠溶液中和至酚酞呈微红色的冷水，搅拌使其溶解，加入6～7滴酚酞指示剂溶液，用氢氧化钠标准滴定溶液滴定至微红色。

氢氧化钠标准滴定溶液的浓度按式（8）计算：

$$c(\mathrm{NaOH}) = \frac{m_2 \times 1\,000}{V_7 \times 204.2} \tag{8}$$

式中　$c(\mathrm{NaOH})$——氢氧化钠标准滴定溶液的浓度，mol/L；

V_7——滴定时消耗氢氧化钠标准滴定溶液的体积，mL；

m_2——苯二甲酸氢钾的质量，g；

204.2——苯二甲酸氢钾的摩尔质量，g/mol。

氢氧化钠标准滴定溶液对二氧化硅的滴定度按式（9）计算：

$$T_{SO_3} = c(\mathrm{NaOH}) \times 40.03 \tag{9}$$

式中　T_{SO_3}——每毫升氢氧化钠标准滴定溶液相当于三氧化硫的

毫克数，mg/mL；

c(NaOH)——氢氧化钠标准滴定溶液的浓度，mol/L；

40.03——（1/2SO_3）的摩尔质量，g/mol。

37. 0.015 mol/L 标准滴定溶液：称取 3.7 g 硫酸铜（$CuSO_4 \cdot 5H_2O$）溶于水中，加 4～5 滴硫酸(1+1)，用水稀释至 1 L，摇匀。

EDTA 标准滴定溶液与硫酸铜标准滴定溶液体积比的测定：从滴定管中缓慢放出 10～15 mL（V_8）0.015 mol/L EDTA 标准滴定溶液于 400 mL 烧杯中，用蒸馏水稀释至约 200 mL，加入 15 mL 乙酸-乙酸钠缓冲溶液（pH 4.3），加热至沸，取下稍冷，加 5～6 滴 2 g/L PAN 指示剂溶液，以硫酸铜标准滴定溶液滴至亮紫色，记录消耗的毫升数（V_9）。DETA 标准滴定溶液与硫酸铜标准滴定溶液的体积比（K）按式（10）计算：

$$K = \frac{V_8}{V_9} \tag{10}$$

38. 甲基红指示剂溶液：将 0.2 g 甲基红溶于 100 mL95%（V/V）乙醇中。

39. 磺基水杨酸钠指示剂溶液：将 10 g 磺基水杨酸钠溶于蒸馏水中，加蒸馏水稀释至 100 mL。

40. 溴酚蓝指示剂溶液：将 0.2 g 溴酚蓝溶于 100 mL 乙醇（1+4）中。

41. 1-（2-吡啶偶氮）-2-萘酚（PAN）指示剂溶液：将 0.2 gPAN 溶于 100 mL95%（V/V）乙醇中。

42. 钙黄绿素-甲基百里香酚蓝-酚酞混合指示剂（简称 CMP 混合指示剂）：称取 1.000 g 钙黄绿素、1.000 g 甲基百里香酚蓝、0.200 g 酚酞与 50 g 已在 105 ℃烘干过的硝酸钾（KNO_3）混合研细，保存在磨口瓶中。

43. 酸性铬蓝 K-萘酚绿 B 混合指示剂：称取 1.000 g 酸性铬蓝 K 与 2.500 g 萘酚绿 B 和 50 g 已在 105 ℃烘干过的硝酸钾

(KNO_3)，混合研细，保存在磨口瓶中。

44．酚酞指示剂溶液：将 1 g 酚酞溶于 100 mL95％（V/V）乙醇中。

二、仪器与设备

1．天平：不应低于四级，精确至 0.000 1 g。

2．铂、银或瓷坩埚：带盖，容量 18～30 mL。

3．铂皿：容量 50～100 mL。

4．银坩埚带盖，容量 30～50 mL。

5．马弗炉：隔焰加热炉，在炉膛外围进行电阻加热。应使用温度控制器，准确控制炉温，并定期进行校验。

6．滤纸：无灰的快速、中速、慢速三种型号滤纸。

7．玻璃容量器皿：滴定管、容量瓶、移液管。

8．分光光度计：可在 400～700 nm 范围内测定溶液的吸光度，带有 10 mm、20 mm 比色皿。

9．火焰光度计：带有 768 nm 和 589 nm 的干涉滤光片。

10．原子吸收分光光度计：GGX—9 A 型。

11．磁力搅拌器。

第二节　部分分析

一、烧失量的测定

1．方法提要

试样在 950～1 000 ℃的马弗炉中灼烧，驱除水分和二氧化碳，同时将存在的易氧化元素氧化。

2．分析步骤

称取约 1 g 试样（m_3），精确至 0.000 1 g，置于已灼烧恒量的瓷坩埚中，将盖斜置于坩埚上，放在马弗炉内从低温开始逐渐升温，在 950～1 000 ℃下灼烧 40 min，取出坩埚置于干燥器中冷却至室温，称量。反复灼烧，直至恒量。

3．结果表示

烧失量的质量百分数 X_{LOI} 按式（11）计算：

$$X_{LOI} = \frac{m_3 - m_4}{m_3} \times 100 \tag{11}$$

式中　X_{LOI}——烧失量的质量百分数，%；

m_3——试料的质量，g；

m_4——灼烧后试料的质量，g。

4．允许差

同一试验室的允许差为0.15%。

二、不溶物的测定

1．方法提要

试样先以盐酸溶液处理，滤出的不溶残渣再以氢氧化钠溶液处理，经盐酸中和、过滤后，残渣在高温下灼烧，称量。

2．分析步骤

称取约1 g试样（m_3），精确到0.001 g，置于150 mL烧杯中，加25 mL水，搅拌使其分散。在搅拌下加入5 mL盐酸，用平头玻璃棒压碎块状物使其分解完全（如有必要可将溶液稍稍加温几分钟），加水稀释至50 mL，盖上表面皿，将烧杯置于蒸汽浴中加热15 min。用中速滤纸过滤，用热水充分洗涤10次以上。

将残渣和滤纸一并移入原烧杯中，加入100 mL氢氧化钠溶液，盖上表面皿，将烧杯置于蒸汽浴中加热15 mL，加热期间搅动滤纸及残渣2～3次。取下烧杯，加入1～2滴甲基红指示剂溶液，滴加盐酸（1+1）至溶液呈红色，再过量8～10滴。用中速滤纸过滤，用热的硝酸铵溶液充分洗涤14次以上。

将残渣和滤纸一并移入已灼烧恒量的瓷坩埚中，灰化后在950～1 000 ℃马弗炉内灼烧30 min，取出坩埚置于干燥器中冷却至室温，称量。反复灼烧，直至恒量。

3．结果表示

不溶物的质量百分数 X_{IR} 按式（12）计算：

$$X_{IR}=\frac{m_5}{m_3}\times 100 \tag{12}$$

式中 X_{IR}——不溶物的质量百分数，%；

m_5——不溶物残渣质量，g；

m_3——试料的质量，g。

4．允许差

同一试验室的允许差为：含量＜3%时，0.10%

含量＞3%时，0.15%；

不同试验室的允许差为：含量＜3%时，0.10%

含量＞3%时，0.20%；

第三节 化学全分析方法

一、系统分析方法 A

1．系统分析试样溶液的制备

称取约 0.5 g 试样（m_6），精确至 0.000 1 g，置于银坩埚中，加入 6～7 g 氢氧化钠，在 650～700 ℃的高温下熔融 30 min。取出冷却，将坩埚放入已盛有 100 mL 近于沸腾的蒸馏水的烧杯中，盖上表面皿，于电炉上适当加热。待熔块完全浸出后取出坩埚，在搅拌下，一次加入 25～30 mL 盐酸，再加入 1 mL 硝酸。用热盐酸（1+5）洗净坩埚和盖，将溶液加热至沸。冷却，然后移入 250 mL 容量瓶中，用水稀释至标线，摇匀。此溶液供测定二氧化硅、三氧化二铁、三氧化二铝、二氧化钛、氧化钙、氧化镁用。

2．二氧化硅的测定

(1) 方法提要

在有过量的氟离子和钾离子存在的强酸性溶液中，使硅酸形成氟硅酸钾（K_2SiF_6）沉淀，经过滤、洗涤及中和残余酸后，加沸水使氟硅酸钾沉淀，水解生成等物质量的氢氟酸，然后以酚酞为指示剂，用氢氧化钠标准滴定溶液进行滴定。

（2）分析步骤

吸取1中溶液50.00 mL放入250～300 mL塑料杯中，加入10～15 mL硝酸，搅拌、冷却至30 ℃以下。加入固体氯化钾，仔细搅拌至饱和并有少量氯化钾固体颗粒悬浮于溶液中，再加入2 g氯化钾及10 mL氟化钾溶液，仔细搅拌（如氯化钾析出量不够，应再补充加入），放置15～20 min。用中速滤纸过滤，用氯化钾溶液洗涤塑料杯及沉淀3次。将滤纸连同沉淀取下，置于原塑料杯中，沿杯壁加入10 mL30 ℃以下的氯化钾-乙醇溶液及1 mL酚酞指示剂溶液，用氢氧化钠标准滴定溶液中和未洗尽的酸，仔细搅动滤纸并随之擦洗杯壁直至溶液呈红色。向杯中加入200 mL沸腾蒸馏水（煮沸并用氢氧化钠溶液中和至酚酞呈微红色），用氢氧化钠标准滴定溶液滴定至微红色。

（3）结果表示

二氧化硅的质量百分数$X\mathrm{sio_2}$按式（13）计算：

$$X\mathrm{sio_2}=\frac{T\mathrm{sio_2}\times V_{10}\times 5}{m_6\times 1\,000}\times 100 \tag{13}$$

式中 $X\mathrm{sio_2}$——二氧化硅的质量百分数，%；

$T\mathrm{sio_2}$——每毫升氢氧化钠标准滴定溶液相当于二氧化硅的毫克数，mg/mL；

V_{10}——滴定时消耗氢氧化钠标准滴定溶液的体积，mL；

m_6——试料的质量，g；

5——全部试样溶液与所分取试样溶液的体积比。

（4）允许差

同一试验室的允许差为0.25%；

不同试验室的允许差为0.40%。

3. 三氧化二铁的测定

(1) 方法提要

在 pH 值为 1.8～2.0、温度为 60～70 ℃的溶液中，以磺基水杨酸钠为指示剂，用 EDTA 标准滴定溶液滴定。

(2) 分析步骤

从 1[*] 溶液中吸取 25.00 mL 溶液放入 300 mL 烧杯中，加水稀释至约 100 mL，用氨水（1+1）和盐酸（1+1）调节溶液 pH 值在 1.8～2.0 之间（用精密 pH 试纸检验）。将溶液加热至 70 ℃，加入 10 滴磺基水杨酸钠指示剂溶液，用 EDTA 标准滴定溶液缓慢地滴定至亮黄色（终点时溶液温度不低于 60 ℃）。（保留此溶液供测定三氧化二铝用）

(3) 结果表示（三氧化二铁的质量百分数 $X_{Fe_2O_3}$ 按式（14）计算）：

$$X_{Fe_2O_3}=\frac{T_{Fe_2O_3}\times V_{11}\times 10}{m_6\times 1\,000}\times 100 \qquad (14)$$

式中 $X_{Fe_2O_3}$——三氧化二铁的质量百分数，%；

$T_{Fe_2O_3}$——每毫升 EDTA 标准滴定溶液相当于三氧化二铁的毫克数，mg/mL；

V_{11}——滴定时消耗 EDTA 标准滴定溶液的体积，mL；

10——全部试样溶液与所分取试样溶液的体积比；

m_6——1 中试料的质量，g。

(4) 允许差

同一试验室的允许差为 0.15%；

不同试验室的允许差为 0.20%。

4. 三氧化二铝的测定

(1) 方法提要

---

* 在本小节中“1”均指第三节一。系统分析方法 A 1. 系统分析试样溶液的制备中所指的溶液。(下同)

于滴定铁后的溶液中，调整 pH 至3，在煮沸下用EDTA-铜和 PAN 为指示剂，用EDTA标准滴定溶液滴定。

（2）分析步骤

将3.2中测完铁的溶液用水稀释至约200 mL，加1～2滴溴酚蓝指示剂溶液，滴加氨水（1+2）至溶液出现蓝紫色，再滴加盐酸（1+2）至黄色，加入15 mLpH 3的缓冲溶液。加热至微沸并保持1 min，加入10滴EDTA-铜溶液及2～3滴PAN指示剂溶液，用EDTA标准滴定溶液滴定到红色消失。继续煮沸、滴定，直至溶液经煮沸后红色不再出现呈稳定的亮黄色为止。

（3）结果表示

三氧化二铝的质量百分数 $X_{Al_2O_3}$ 按式（15）计算：

$$X_{Al_2O_3}=\frac{T_{Al_2O_3}\times V_{12}\times 10}{m_6\times 1\,000}\times 100 \tag{15}$$

式中 $X_{Al_2O_3}$——三氧化二铝的质量百分数，%；

$T_{Al_2O_3}$——每毫升EDTA标准滴定溶液相当于三氧化二铝的毫克数，mg/mL；

V_{12}——滴定时消耗EDTA标准滴定溶液的体积，mL；

10——全部试样溶液与所分取试样溶液的体积比；

m_6——1中试料的质量，g。

（4）允许差

同一试验室的允许差为0.20%；

不同试验室的允许差为0.30%。

5．二氧化钛的测定

（1）方法提要

在酸性溶液中 TiO^{2+} 与二安替比林甲烷生成黄色络合物，于波长420 nm处测定其吸光度。用抗坏血酸消除三价铁离子的干扰。

（2）分析步骤

从1溶液中吸取25.00 mL溶液注入100 mL容量瓶中，加入10 mL盐酸（1+2）及10 mL抗坏血酸溶液，静置5 min。加5 mL95%（V/V）乙醇、20 mL二安替比林甲烷溶液，用水稀释至标线，摇匀。放置40 min后，使用分光光度计，10 mm比色皿，以水作参比，于420 nm处测定溶液的吸光度。在工作曲线上查出二氧化钛的含量（m_6）。

（3）结果表示

二氧化钛的质量百分数X_{TiO_2}按式（16）计算：

$$X_{TiO_2}=\frac{m_7\times 10}{m_6\times 1\,000}\times 100 \qquad (16)$$

式中 X_{TiO_2}——二氧化钛的质量百分数，%；

m_7——100 mL测定溶液中二氧化钛的含量，mg；

10——全部试样溶液与所分取试样溶液的体积比；

m_6——1中试料的质量，g。

（4）允许差

同一试验室的允许差为0.05%；

不同试验室的允许差为0.10%。

6. 氧化钙的测定

（1）方法提要

预先在酸性溶液中加入适量氟化钾，以抑制硅酸的干扰，然后在pH 13以上的强碱性溶液中，以三乙醇胺为掩蔽剂，用钙黄绿素-甲基百里香酚蓝-酚酞混合指示剂，以EDTA标准滴定溶液滴定。

（2）分析步骤

从1溶液中吸取25.00 mL溶液放入400 mL烧杯中，加入7 mL氟化钾溶液，搅拌并放置2 min以上。加蒸馏水稀释至约200 mL、加5 mL三乙醇胺及适量CMP混合指示剂，在搅拌下加入氢氧化钾溶液（至出现绿色萤光后，再过量7～8 mL（此时溶液 pH＞13），用 EDTA 标准滴定溶液滴定至绿色萤光消失并呈红色。

（3）结果表示

氧化钙的质量百分数 X_{CaO} 按式（17）计算：

$$X_{CaO}=\frac{T_{CaO}\times V_{13}\times 10}{m_6\times 1\,000}\times 100 \tag{17}$$

式中 X_{CaO}——氧化钙的质量百分数，%；

T_{CaO}——每毫升 EDTA 标准滴定溶液相当于氧化钙的毫克数，mg/mL；

V_{13}——滴定时消耗 EDTA 标准滴定溶液的体积，mL；

10——全部试样溶液与所分取试样溶液的体积比；

m_6——1 中试料的质量，g。

（4）允许差

同一试验室的允许差为 0.25%；

不同试验室的允许差为 0.40%。

7．氧化镁的测定

（1）方法提要

在 pH 10 的溶液中，以三乙醇胺、酒石酸钾钠为掩蔽剂，用酸性铬蓝 K-萘酚绿 B 混合指示剂，以 EDTA 标准滴定溶液滴定。

（2）分析步骤

从 1 溶液中吸取 25.00 mL 溶液放入 400 mL 烧杯中，加蒸馏水稀释至约 200 mL，加 1mL 酒石酸钾钠溶液、5 mL 三乙醇胺。在搅拌下，用氨水（1+1）调整溶液 pH 在 9 左右（用精密 pH 试纸检验）。然后加入 25 mL pH 10 缓冲溶液及少许酸性铬蓝 K-萘酚绿 B 混合指示剂，用 EDTA 标准滴定溶液滴定，近终点时，应缓慢滴定至纯蓝色。

（3）氧化镁的质量百分数 X_{MgO} 按式（18）计算：

$$X_{MgO}=\frac{T_{MgO}\times(V_{14}-V_{13})\times 10}{m_6\times 1\,000}\times 100 \qquad (18)$$

式中 X_{MgO}——氧化镁的质量百分数,%;

T_{MgO}——每毫升 EDTA 标准滴定溶液相当于氧化镁的毫克数，mg/mL;

V_{13}——滴定氧化钙时消耗 EDTA 标准滴定溶液的体积，mL;

V_{14}——滴定钙、镁总量时消耗 EDTA 标准滴定溶液的体积，mL;

10——全部试样溶液与所分取试样溶液的体积比;

m_6——1 中试料的质量，g。

(4) 允许差

同一试验室的允许差为 0.20%;

不同试验室的允许差为 0.30%。

二、系统分析方法 B

1. 二氧化硅的测定

(1) 方法提要

试样以无水碳酸钠烧结，盐酸溶解，加固体氯化铵于沸水浴上加热蒸发，使硅酸凝聚。滤出的沉淀用氢氟酸处理后，失去的质量即为纯二氧化硅量。

(2) 分析步骤

称取约 0.5 g 试样（m_{11}），精确至 0.000 1 g。置于铂坩埚中，加入 0.3 g 无水碳酸钠，混匀，将坩埚置于 950～1 000 ℃下灼烧 15 min，放冷。

将烧结块移入瓷蒸发皿中，加少量水润湿，用平头玻璃棒压碎块状物，盖上表面皿，从皿口滴入 5 mL 盐酸及 2～3 滴硝酸，待反应停止后取下表面皿，用平头玻璃棒压碎块状物使分解完全，用（1+1）盐酸清洗坩埚数次，洗液合并于蒸发皿中。将蒸发皿置于沸水浴上，皿上放一玻璃三脚架，再盖上表面皿。蒸发至糊状后，加 1 g 氯化铵，充分搅匀，继续在沸水浴上蒸发至干。

取下蒸发皿，加入 10～20 mL 热盐酸（3+97），搅拌使可溶性盐类溶解。用中速滤纸过滤，用胶头扫棒以热盐酸（3+97）擦洗玻璃棒及蒸发皿，并洗涤沉淀 3～4 次，然后用热水充分洗涤沉淀，直至检验无氯根为止。滤液及洗液保存在 250 mL 的容量瓶中。

在沉淀物上加 3 滴硫酸（1+4），然后将沉淀连同滤纸一并移入铂坩埚中，烘干并灰化后放入 950～1 000 ℃的马弗炉内灼烧 1 h，取出坩埚置于干燥器中冷却至室温，称量。反复灼烧，直至恒重（m_{13}）。

（3）结果表示

二氧化硅的质量百分数 X_{sio_2} 按式（19）计算：

$$X_{sio_2}=\frac{m_{12}-m_{13}}{m_{11}}\times 100 \tag{19}$$

式中 X_{sio_2}——二氧化硅的质量百分数，%；

m_{12}——灼烧后未经氢氟酸处理的沉淀及坩埚的质量，g；

m_{13}——用氢氟酸处理灼烧并经灼烧后的残渣及坩埚的质量，g；

m_{11}——试料的质量，g

（4）经氢氟酸处理后的残渣的分解

向用氢氟酸处理后的铂坩埚中加入 0.5 g 焦硫酸钾，熔融。熔块用热水和数滴盐酸（1+1）溶解，溶液并入 1.2 中的 250 mL的容量瓶中，用水稀释至标线，摇匀。此溶液供测定三氧化二铁、三氧化二铝、二氧化钛、氧化钙和氧化镁用。

（5）允许差

同一试验室的允许差为 0.15%；

不同试验室的允许差为 0.20%。

2. 三氧化二铁的测定

(1) 方法提要

在 pH 值为 1.8～2.0、温度为 60～70 ℃的溶液中，以磺基水杨酸钠为指示剂，用 EDTA 标准滴定溶液滴定。

(2) 分析步骤

从 1.4 溶液中吸取 25.00 mL 溶液放入 300 mL 烧杯中，加水稀释至约 100 mL，用氨水（1+1）和盐酸（1+1）调节溶液 pH 值在 1.8～2.0 之间（用精密 pH 试纸检验）。将溶液加热至 70 ℃，加入 10 滴磺基水杨酸钠指示剂溶液，用 EDTA 标准滴定溶液缓慢地滴定至亮黄色（终点时溶液温度不低于 60 ℃）。保留此溶液供测定三氧化二铝用。

(3) 结果表示

三氧化二铁的质量百分数 $X_{Fe_2O_3}$ 按式（20）计算：

$$X_{Fe_2O_3}=\frac{T_{Fe_2O_3}\times V_{15}\times 10}{m_{11}\times 1\,000}\times 100 \tag{20}$$

式中 $X_{Fe_2O_3}$——三氧化二铁的质量百分数，%；

$T_{Fe_2O_3}$——每毫升 EDTA 标准滴定溶液相当于三氧化二铁的毫克数，mg/mL；

V_{15}——滴定时消耗 EDTA 标准滴定溶液的体积，mL；

10——全部试样溶液与所分取试样溶液的体积比；

m_{11}——1.4 中试料的质量，g。

(4) 允许差

同一试验室的允许差为 0.15%；

不同试验室的允许差为 0.20%。

3. 三氧化二铝的测定

(1) 方法提要

于滴定铁后的溶液中，调整 pH 值至 3，在煮沸下用 EDTA－

铜和 PAN 为指示剂，用 EDTA 标准滴定溶液滴定。

（2）分析步骤

将 2.2 中测完铁的溶液用水稀释至约 200 mL，加 1～2 滴溴酚蓝指示剂溶液，滴加氨水（1+2）至溶液出现蓝紫色，再滴加盐酸（1+2）至黄色，加入 15 mLpH 3 的缓冲溶液。加热至微沸并保持 1 min，加入 10 滴 EDTA-铜溶液及 2～3 滴 PAN 指示剂溶液，用 EDTA 标准滴定溶液滴定到红色消失。继续煮沸，滴定，直至溶液经煮沸后红色不再出现呈稳定的亮黄色为止。

（3）结果表示

三氧化二铝的质量百分数 $X_{Al_2O_3}$ 按式（21）计算：

$$X_{Al_2O_3}=\frac{T_{Al_2O_3}\times V_{16}\times 10}{m_{11}\times 1\,000}\times 100 \tag{21}$$

式中 $X_{Al_2O_3}$——三氧化二铝的质量百分数，%；

$T_{Al_2O_3}$——每毫升 EDTA 标准滴定溶液相当于三氧化二铝的毫克数，mg/mL；

V_{16}——滴定时消耗 EDTA 标准滴定溶液的体积，mL；

10——全部试样溶液与所分取试样溶液的体积比；

m_{11}——1.4 中试料的质量，g。

（4）允许差

同一试验室的允许差为 0.20%；

不同试验室的允许差为 0.30%。

4．氧化钙的测定

（1）方法提要

在 pH 13 以上的强碱性溶液中，以三乙醇胺为掩蔽剂，用钙黄绿素-甲基百里香酚蓝-酚酞混合指示剂，以 EDTA 标准滴定溶液滴定。

（2）分析步骤

从 1.4 溶液中吸取 25.00 mL 溶液放入 400 mL 烧杯中，加蒸馏水稀释至约 200 mL、加 5 mL 三乙醇胺及适量 CMP 混合指示剂，在搅拌下加入氢氧化钾溶液至出现绿色萤光后，再过量 7～8 mL（此时溶液 pH>13），用 EDTA 标准滴定溶液滴定至绿色萤光消失并呈红色。

（3）结果表示

氧化钙的质量百分数 X_{CaO} 按式（22）计算：

$$X_{CaO}=\frac{T_{CaO}\times V_{17}\times 10}{m_{11}\times 1\,000}\times 100 \tag{22}$$

式中 X_{CaO}——氧化钙的质量百分数，%；

T_{CaO}——每毫升 EDTA 标准滴定溶液相当于氧化钙的毫克数，mg/mL；

V_{17}——滴定时消耗 EDTA 标准滴定溶液的体积，mL；

10——全部试样溶液与所分取试样溶液的体积比；

m_{11}——1.4 中试料的质量，g。

（4）允许差

同一试验室的允许差为 0.25%；

不同试验室的允许差为 0.40%。

5．氧化镁的测定

（1）方法提要

在 pH 10 的溶液中，以三乙醇胺、酒石酸钾钠为掩蔽剂，用酸性铬蓝 K-萘酚绿 B 混合指示剂，以 EDTA 标准滴定溶液滴定。

（2）分析步骤

从 1.4 溶液中吸取 25.00 mL 溶液放入 400 mL 烧杯中，加水稀释至约 200 mL，加 1 mL 酒石酸钾钠溶液、5 mL 三乙醇胺。在搅拌下，用氨水（1+1）调整溶液 pH 值在 9 左右（用精密 pH 试纸检验）。然后加入 25 mL pH 10 缓冲溶液及少许酸性铬蓝 K-萘酚绿 B 混合指示剂，用 EDTA 标准滴定溶液滴定，近终点时，应缓慢滴定至纯蓝色。

（3）氧化镁的质量百分数 X_{MgO} 按式（23）计算：

$$X_{MgO}=\frac{T_{MgO}\times(V_{19}-V_{18})\times 10}{m_{11}\times 1\,000}\times 100 \qquad (23)$$

式中 X_{MgO}——氧化镁的质量百分数，%；

T_{MgO}——每毫升 EDTA 标准滴定溶液相当于氧化镁的毫克数，mg/mL；

V_{18}——滴定氧化钙时消耗 EDTA 标准滴定溶液的体积，mL；

V_{19}——滴定钙、镁总量时消耗 EDTA 标准滴定溶液的体积，mL；

10——全部试样溶液与所分取试样溶液的体积比；

m_{11}——1.4 中试料的质量，g。

（4）允许差

同一试验室的允许差为 0.20%；

不同试验室的允许差为 0.30%。

三、三氧化硫、氧化钾和氧化钠的测定

1. 三氧化硫的测定（硫酸钡重量法）

（1）方法提要

通过用酸分解，试样中产生可溶性硫酸盐，用氯化钡溶液将其沉淀，经过滤灼烧后，以硫酸钡形式称量，测定结果以三氧化硫计。

（2）分析步骤

称取约 0.5 g 试样（m_{14}），精确至 0.000 1 g，置于 150 mL 烧杯中，用蒸馏水润湿，使颗粒分散，加入 10 mL 盐酸(1+1)，用蒸馏水稀释体积为 50 mL 后将溶液加热煮沸，保持微沸 1～2 min，用快速滤纸过滤，以热蒸馏水洗涤 7～8 次，滤液及洗液收集于 400 mL 烧杯中。

将溶液体积调整至约200 mL。将溶液加热至沸，在搅拌下滴加10 mL氯化钡溶液，继续煮沸数分钟。然后移至温热处静置4 h以上，或静置过夜。

用慢速定量滤纸过滤，并以温蒸馏水洗涤至氯根反应消失为止，用（10 g/L）硝酸银溶液检验。将沉淀及滤纸一并移入已灼烧恒量的瓷坩埚中，灰化后在800 ℃的高温炉内灼烧30 min。取出坩埚，置于干燥器中冷至室温，称量。如此反复灼烧，直至恒量。

（3）结果表示

三氧化硫的质量百分数（X_{SO_3}）按式（24）计算：

$$X_{SO_3}=\frac{m_{15}\times 0.343}{m_{14}}\times 100 \tag{24}$$

式中 X_{SO_3}——三氧化硫的质量百分数，%；

m_{15}——灼烧后沉淀的质量，g；

0.343——硫酸钡对三氧化硫的换算系数；

m_{14}——试料质量，g。

（4）允许差

同一试验室的允许差为0.15%；

不同试验室的允许差为0.20%。

2．三氧化硫的测定（离子交换法）

（1）方法提要

在水介质中，用氢离子型阳离子交换树脂对中热硅酸盐水泥中的硫酸钙进行两次静态交换，生成等物质量的氢离子，以酚酞为指示剂，用氢氧化钠标准滴定溶液滴定。

（2）分析步骤

称取约0.2 g试样 m_{16}，精确至0.000 1 g，置于已盛有5 g树脂、一根搅拌子及10 mL热蒸馏水的150 mL的烧杯中，摇动烧杯使其分散。向烧杯中加入40 mL沸腾蒸馏水，置于磁力搅拌器上，加热搅拌10 min，以快速滤纸过滤，并用热蒸馏水洗涤烧杯与滤纸上的树脂 4～5 次。滤液及洗液收集于另一装有 2 g 树脂及一根搅拌子的 150 mL 的烧杯中（此时溶液的体积在 100 mL左右）。再将烧杯置于磁力搅拌器上搅拌 3 min，用快速滤纸过滤，用热水冲洗烧杯与滤纸上的树脂 5～6 次，滤液及洗液收集于 300 mL 烧杯中。向溶液中加入 5～6 滴酚酞指示剂溶液，用氢氧化钠标准滴定溶液滴定至微红色。(保存用过的树脂以备再生)。

计算按式（25）进行。

$$X_{SO_3}=\frac{T_{SO_3}\times V_{20}}{m_{16}\times 1\,000}\times 100 \tag{25}$$

式中 X_{SO_3}——三氧化硫的质量百分数，%；

T_{SO_3}——每毫升 NaOH 标准滴定溶液相当于 SO_3 的毫克数，mg/mL；

V_{20}——消耗 NaOH 标准滴定溶液的毫升数，mL；

m_{16}——试料的质量，g。

3．氧化钾和氧化钠的测定

（1）方法提要

水泥经氢氟酸-硫酸蒸发处理去除硅，用热蒸馏水浸取残渣，以氨水和碳酸铵分离铁、铝、钙、镁。滤液中的钾、钠用火焰光度计进行测定。

（2）分析步骤

称取约 0.2 g 试样（m_{17}），精确至 0.000 1 g，置于铂皿中，用少量蒸馏水润湿，加 5～7 mL 氢氟酸及 15～20 滴硫酸(1+1)，置于低温电热板上蒸发。近干时摇动铂皿，以防溅失，待氢氟酸驱尽后逐渐升高温度，继续将三氧化硫白烟赶尽。取下放冷，加入 50 mL 热水，压碎残渣使其溶解，加 1 滴甲基红指示剂溶液，用氨水（1+1）中和至黄色，加入 10 mL 碳酸铵溶液，搅拌，置于电热板上加热 20～30 min。用快速滤纸过滤，以热蒸馏水洗涤，滤液及洗液盛于 100 mL 容量瓶中，冷却至室温。用盐酸（1+1）中和至溶液呈微红色，用蒸馏水稀释至标线，摇匀。在火焰光度计上，按仪器使用规程进行测定。在工作曲线上分别查出氧化钾和氧化钠的含量（m_{18}）和（m_{19}）。

（3）结果表示

氧化钾和氧化钠的质量百分数 X_{K_2O} 和 X_{Na_2O} 按式（26）和（27）计算：

$$X_{K_2O}=\frac{m_{18}}{m_{17}\times 1\,000}\times 100 \tag{26}$$

$$X_{Na_2O}=\frac{m_{19}}{m_{17}\times 1\,000}\times 100 \tag{27}$$

式中 X_{K_2O}——氧化钾的质量百分数，%；

X_{Na_2O}——氧化钠的质量百分数，%；

m_{18}——100 mL 测定溶液中氧化钾的含量，mg；

m_{19}——100 mL 测定溶液中氧化钠的含量，mg；

m_{17}——试料的质量，g。

（4）允许差

同一试验室的允许差：K_2O 与 Na_2O 均为 0.10%；

不同试验室的允许差：K_2O 与 Na_2O 均为 0.15%。

第四节 原燃料分析方法

一、石灰石化学分析方法

1. 试样溶液的制备

称取 0.5 g 试样于银坩埚中，加入 6～7 g NaOH 在 650～700 ℃熔融 20 min，冷却后，将坩埚置于 300 mL 烧杯中，加入 100 mL 沸腾蒸馏水，加热烧杯使熔块完全浸出，搅拌下立即用 HCl 酸化，加入 1 mL HNO_3，加热煮沸 1 min。冷却至室温，转移至 250 mL 容量瓶中，保留溶液供测定 SiO_2、Fe_2O_3、Al_2O_3、CaO、MgO 用。

2．二氧化硅

方法提要：吸取 50.00 mL 试样溶液于 300 mL 塑料杯中，加入 10～15 mL HNO_3，冷却至 30 ℃以下，加入 KCl 至饱和并过量 2 g，加入 10 mL KF 溶液（150 g/L）。使硅酸以氟硅酸钾的形式沉淀，在 30 ℃以下沉淀 15～20 min，用中速滤纸过滤，用 KCl 溶液（50 g/L）洗涤 3 次，将沉淀和滤纸放入原烧杯加入 10 mL KCl－乙醇溶液，加入 1 mL 酚酞，用 NaOH 溶液(0.15 mol/L)中和沉淀和滤纸上的残余酸至溶液呈红色。加入约 200 mL 沸腾蒸馏水，用 0.15 mol/L 标准溶液滴定生成的 HF 的量。

3．三氧化二铁

方法提要：吸取 25.00 mL 试样溶液，稀释至约 100 mL，用 NH_4OH（1＋1）和 HCl（1＋1）调节 pH 值在 1.8～2.0。加热至 60～70 ℃，以磺基水杨酸钠为指示剂，用 EDTA 标准溶液缓慢滴定至亮黄色，保留溶液供测定 Al_2O_3 用。

4．三氧化二铝

方法提要：（与水泥化学分析方法中相同）在滴定铁后的溶液中，调节溶液 pH 3。用 EDTA－Cu 和 PAN 作指示剂，加热至沸，用 EDTA 标准溶液滴定至红色消失呈现稳定的亮黄色。

5．氧化钙

吸取 25.00 mL 试样溶液，加入三乙醇胺溶液掩蔽铁、铝、钛。用 KOH 溶液（200 g/L）调节溶液的 pH 值为 13，用甲基百里香酚蓝-钙黄绿素-酚酞混合指示剂，用 EDTA 标准溶液滴定至绿色荧光消失并呈现红色。

6．氧化镁

方法提要：吸取 25.00 mL 试样溶液，加入酒石酸钾钠、三乙醇胺掩蔽铁、铝、钛。再加入 25 mL $NH_4Cl \cdot NH_4OH$（pH 10）缓冲溶液，用酸性铬蓝 K－萘酚绿 B 为指示剂，用 EDTA 标准溶液滴定，近终点时缓慢滴定至纯蓝色。

7．烧失量（与水泥化学分析方法所列相同）

方法提要：试样在 950～1 000 ℃的马弗炉中灼烧，由烧损量计算烧失量的含量。

二、黏土化学分析

1．试样溶液的制备及 SiO_2、Fe_2O_3 和烧失量的测定步骤与石灰石化学分析基本相同。

2．三氧化二铝

方法提要：在测定铁后的溶液中，加入 20～25 mL EDTA 标准溶液，加入 15 mL HAc·NaAc 缓冲溶液（pH 4.3），稀释至 200 mL，加热煮沸 2 min，以 PAN 为指示剂，用 $CuSO_4$ 标准溶液滴定至亮紫色，此为铝钛含量。

3．二氧化钛

方法提要：采用分光光度法。

4．氧化钙

方法提要：吸取 25.00 mL 溶液于 400 mL 的烧杯中，加入 15 mL KF 溶液（150 g/L），搅拌并放置 2 min（以下步骤与石灰石的氧化钙的测定方法相同）。

5．氧化镁

方法提要：吸取 25.00 mL 溶液于 400 mL 的烧杯中，加入 15 mL KF 溶液（150 g/L），搅拌并放置 2 min（以下步骤与石灰石的氧化钙的测定方法相同）。

三、铁粉化学分析方法

1．试样溶液的制备

称取 0.3 g 试样于银坩埚中，在 700 ℃的马弗炉中预烧

20 min，冷却后加入 10 g NaOH，从低温升起在 700～750 ℃温度下熔融 40 min。中间取出摇动 1～2 次。冷却后，将坩埚置于 300 mL 烧杯中，加入 100 mL 沸腾蒸馏水，待熔块完全浸出。然后，在搅拌下，一次加入 30 mL HNO_3，用（1+5）的 HCl 溶液洗涤银坩埚及盖，加热煮沸 1 min，冷却至室温，转移至 250 mL 容量瓶中，加蒸馏水稀释至刻度并摇匀，保留溶液供测定 SiO_2、Fe_2O_3、Al_2O_3、CaO、MgO 用。

2．SiO_2、CaO、MgO 及烧失量的测定步骤与黏土化学分析基本相同。

3．三氧化二铁

方法提要：吸取 25.00 mL 试样溶液，稀释至约 200 mL，用 NH_4OH（1+1）调节 pH 值为 1.3～1.5，加入 2 滴磺基水杨酸钠指示剂，用 EDTA 标准溶液缓慢滴定至红色消失并过量 1 mL。搅拌 1 min，加入 1 滴半二甲酚橙指示剂（5 g/L），用硝酸铋标准溶液滴定至溶液颜色由黄色变为橙红色。

4．三氧化二铝

方法提要：在测定铁后的溶液中，加入 10 mL 苦杏仁酸溶液（100 mL/L），加入过量的 EDTA 溶液，调节溶液的 pH 值为 4，加热至 70～80 ℃，加入 10 mLHAc·NaAc 缓冲溶液（pH 6），加热煮沸 4 min，立即冷却至室温，加入 7～8 滴半二甲酚橙指示剂，用 $Pb(Ac)_2$ 标准溶液滴定至溶液颜色由黄色变为橙红色，加入 10 mL NH_4F 溶液，加热煮沸 1 min，冷却至室温，加入 2 滴半二甲酚橙指示剂，用 $Pb(Ac)_2$ 标准溶液滴定溶液颜色由黄色变为橙红色。

四、石膏化学分析方法

1．试样溶液的制备及 SiO_2、Fe_2O_3、Al_2O_3、CaO、MgO 的测定步骤与石灰石化学方法基本相同。

2．三氧化硫

石膏中 SO_3 的测定步骤与波特兰水泥的化学分析步骤基本相同。

3．附着水

称取试样置于称量瓶中，在 45～55 ℃烘箱内干燥 2 h，冷却至室温，称量，烘干损失的量即为附着水的含量。

4．结晶水

称取 1 g 试样，在 230±5 ℃烘干至恒重。

五、煤的分析方法

1．水分

称取试样，在 105～110 ℃烘干箱内干燥至恒量。烘干损失的量作为水分含量。

2．灰分

称取干燥煤样，置于马弗炉中，以一定的速度加热到 815±10 ℃，灼烧至恒量，残留物的百分含量作为灰分。

3．挥发分

称取一定量的干燥煤样放在带盖的瓷坩埚中，在 900±10 ℃温度下，隔绝空气加热 7 min，以减少的质量百分含量作为挥发分含量。

4．全硫

试样与 Na_2CO_3 和 MgO 的混合物（1+2）混匀，置于马弗炉中，逐渐升温到 800～850 ℃，在高温下各种硫转化为硫酸盐，然后按硫酸钡重量法测定硫酸盐含量，由硫酸盐的量计算煤中全硫含量。

5．煤的发热量

（1）弹筒发热量：在氧弹中，当有过剩氧气的情况下，燃烧单位质量的试样所产生的热量称为弹筒发热量。

（2）利用煤的分析结果采用经验公式计算发热量。

第十三章 电气系统

第一节 电 源

1．工作电源

水泥预分解生产线供电电压，取决于其供电负荷。对于700 t/d以上的生产线，国内工厂电源电压一般取110 kV或35 kV，采用专用架空线路，由上一级变电站引入厂内总降压站，或由厂外公共电网T接进总降压站。由于水泥厂难于避免一定程度的污染，所以工厂总降压站一般采用户内布置方式。水泥工厂内部通常采用放射式由总降压站向各配电站供电。供电电压可采用6 kV或10 kV供电。近年来，水泥工厂多采用10 kV供电电压。

2．保安电源

水泥预分解生产线用电设备大部分负荷为二类负荷，少量为不容许长时间断电的一类负荷，如回转窑辅助传动、篦冷机的篦床传动、篦冷机一室风机、高温风机辅机、消防水泵、中控室及事故照明等。

为满足一类负荷的用电需要，在条件许可时，可采用独立的双回路供电。作为保安电源，其供电来源应独立于正常供电的电源，容量上满足一类负荷要求，电压则没有特殊要求。在只能采用单回路供电的条件下，可自备柴油发电机组作为保安电源。当生产线在正常生产情况下突然断电，柴油发电机组应及时投入运行，保证一类负荷的断电时间不超过20 min。

为了保证柴油发电机组能随时及时的投入运行，应确保发电机组的良好的准备状态。燃油和润滑油应随时处于良好的供应状态，冷却水应处于正常加注状态，机组机体的温度也应满足随时启动的要求。为此，需每隔1周机组启动试运行一次，以确保其启动和运行的可靠性。

3. 电压等级

受电电压：　110 kV或35 kV

高压配电电压：　10.5 kV

低压配电电压：　0.4/0.23 kV

高压电机电压：　10 kV

低压电机电压：　0.38 kV

直流电机电压：　0.66或0.44 kV

控制电源电压：　0.22 kV

照明电压：　0.22 kV

安全电压：　36 V

第二节　供配电系统

1. 高压配电

为便于生产线的集中管理和操作，减少放射式电缆的敷设，在厂区内设原料粉磨配电站、窑头配电站、水泥磨配电站，配电站电源引自总降压站。配电站设置高压开关柜以放射式向各电力室的10/0.4 kV变压器和生产线上的高压电机馈电。

2. 低压配电

根据生产工艺流程、总图布置及负荷分布情况，工程可设若干配电室。通常设石灰石破碎电力室、原料磨电力室（与生料磨配电站建于同一建筑物内)、窑头电力室（与窑头配电站建于同一建筑物内)、窑尾电力室和水泥磨电力室（与水泥磨配电站建于同一建筑物内)。

石灰石破碎电力室位于破碎车间。向一破、二破、石灰石预均化堆场、其他辅助原料破碎及输送等供电。

原料磨电力室位于窑尾废气处理电除尘器下部，向原料粉磨、原料调配、窑尾废气处理、生料均化库顶等供电。

窑尾电力室位于窑尾框架下，向生料均化库、煤磨、窑尾、窑中等供电。

窑头电力室位于窑头电除尘器下部，向窑头、熟料库顶、中央控制室及化验室等供电。

水泥磨电力室位于水泥磨车间，向水泥粉磨、水泥库、水泥调配、水泥包装等供电。

循环泵站及空压机站等供电，根据总图位置可从以上电力室中取电。

3. 无功功率补偿

水泥工厂设备多而分散，配电线路较长，为使电气设备正常运行和减少线路电能损失，可采用集中与分散，高压与低压相结合的无功功率补偿方式，在电力室 0.4 kV 侧装设自动电容补偿装置；在原料磨主电机等大型高压电动机机旁装设就地电容补偿装置，随主电机投入和切除，以使补偿保持平衡；总降压站 10 kV 母线装设集中电容补偿装置。补偿后总降压站 10 kV 母线上的功率因数可达到 0.95 左右。

第三节　车间电力拖动及控制

一、控制系统

水泥预分解生产线，多采用集散型计算机控制系统，对水泥生产线上的设备进行集中操作、监控、管理。在各车间电力室设现场控制站，完成各车间设备的起动顺序、联锁关系和设备保护等控制，即开关量的顺序逻辑控制。

在中央控制室设置了供操作监控设备用的操作站，操作员采用键盘和鼠标器等人机交互方式在操作站的 CRT 上完成对现场设备的顺序逻辑控制，根据生产线设备的启动要求，电机分组联锁延时启停。从中控室的 CRT 上，可清楚的了解设备运行状况。

在故障发生时，系统可发出报警信号，显示故障设备。必要时，系统可实现紧急停车。

二、控制方式

本系统采用两种控制方式，即计算机集中分组联锁控制和机旁单机控制。通过设置在电机旁的机箱上的带钥匙选择开关选择控制方式。机旁箱选择开关通常有三个位置，分别是中控、机旁和断开，并设有启动和停机按钮。

1. 计算机集中分组联锁控制

计算机采用二个输入、一个输出的方式控制电机。当电机控制电源准备好并将机旁箱上的选择开关置于中控位置后，电气回路向计算机输入一个备妥信号，当一联锁组中的所有电机都满足启动条件后，在操作站或操作台向计算机发出一驱动信号，计算机经软件运行后，发出指令，通过一中间继电器启动电机，电机启动成功后，电气回路向计算机 输入一运行状态信号，表明电机启动工作完毕、运行正常，若电机启动失败或运行以后跳闸，计算机通过操作站或操作台上报警器发出报警信号。

2. 机旁单机控制

当机旁箱上的选择开关置于机旁位置时，可以利用机旁箱上的按钮进行设备单机启动和停机。

3. 检修

当需要对设备进行检修时，应把机箱上的选择开关置于断开位置（零位），此时在控制室和机旁均不能对设备进行控制，以确保检修人员的人身安全。

三、电机启动及调速方式

容量较小的低压交流鼠笼型电机通常采用全压直接启动，容量较大时采用软启动器启动。

低压交流绕线电机采用频敏变阻器启动；（原理图见图 13－

3）交流调速电机采用变频器启动和控制；

直流电机采用全数字可控硅调速装置控制；

高压绕线电机采用液体变阻器启动。

四、联锁及安全措施

根据工艺流程和设备的安全运行需要，设备之间设有必要的联锁，根据情况可联锁或解锁操作。集中控制时联锁操作，单台设备就地控制时解锁操作。对于部分要求较高的生产线，还设置有一系列设备的电气保护装置，以提高设备的自动化运行水平，减少岗位工人，实现巡检作业，如：

对于较长的输送设备，沿设备设置拉绳开关，当发生紧急情况需要停车时，可在设备旁的任何位置，实现设备的即刻停机。

对于提升机、胶带输送机、螺旋输送机、回转卸料器等设备的从动轮处设一速度开关，用于检测设备的运转状况。在提升机底部设一检修按钮，确保检修时人身安全。

五、保护

低压电动机回路采用短路 、过负荷、断相及接地故障保护。

低压配电回路设短路 、过负荷及接地故障保护。

六、电气测量

各进线柜上装设电压表 ，电流表。

对 30 kW 及以上电动机（提升机为 7.5 kW 及以上）进行电流测量，并在中控室 CRT 上显示电流，以便于监视，并设置过电流报警程序。

第四节　照　　明

1. 照明电源

各车间照明配电箱电源分别引自本车间电力室内低压开关柜

专用回路。

2. 照明控制及光源

除车间变电站、电气室、控制室、化验室、值班室采用分散控制外，其余车间内照明均在照明配电箱上集中控制，车间内照明光源一般采用高压汞灯及荧光灯，控制室、化验室等采用荧光灯。道路照明光源为高压钠灯，采用自动控制。

3. 安全电源

在设备内部进行检修时，应采用36 V安全电源。

第五节　防雷与接地

水泥厂生产线建筑物一般按三类防雷要求设计。屋顶避雷带可利用建筑物栏杆（栏杆应连成可靠的电气通路）。引下线利用结构主钢筋，距地面0.5 m处设连接板，供人工接地装置引用，并加保护设施。防雷接地装置与电气设备接地、计算机接地装置共用，其接地电阻值小于1欧姆。现场施工时应进行实测，适当增减接地极数量，直至满足要求值。

进出建筑物的金属管道在进出口处就近接到接地装置上。

低压配电系统的接地型式采用TN-S或TN-C-S系统，所有用电设备的外露可导电部分均应采用保护线（PE线）可靠接地。

车间内10 kV电气设备的外露可导电部分应与就近的接地装置可靠连接。

对于煤粉制备等有防火要求的车间，应对所有的设备和非标准件，采用可靠的接地措施。防止静电引起的电火花。

第十四章　生产线的自动控制

现代化水泥预分解窑生产线，通常均设有较为完备的控制系统以保证生产线的稳定和优化。为了实现控制的准确和完善，生产线设置有大量的检测点和控制点，实现生产线过程的连续检测。同时对一系列参数如温度、压力、转速、电流、噪声等参数进行直接或间接的进行测量，并在计算机中进行集中的显示和记录；同时根据检测的结果，又对一系列的参数，如流量、转速、负荷、开度、电流、频率等进行直接或间接的调节。这里的控制系统，有的是变化较为频繁的，且较为重要，我们采用了自动调节控制系统。有的变化较为缓慢，或较为稳定，我们只设置了手工控制系统。由于篇幅有限，这里仅就有关生产稳定的重要控制系统做一个简要介绍。

第一节　原料破碎系统

对于一般的原料破碎，通常仅对破碎系统的负荷进行控制，控制系统将保证破碎系统在接近设备满负荷的条件下正常运转。这种控制仅仅是采用给料设备的转速的闭环控制，亦即通过转速的给定和实际转速的检测实现闭环控制。

对于有预配料系统的原料破碎系统，由于有相关的两种物料的比例控制，所以控制系统要复杂得多，通常控制分为三级闭环控制。

第一级控制为通过预均化堆场的混合料的成分，确定石灰石和黏土质原料的流量比，这也是第二级控制的依据。从尽可能发挥系统的潜力出发，根据不同的预配料及破碎系统的工艺，基本有三种控制方案：

1. 对于石灰石破碎和黏土破碎工艺系统之间的配比控制，为了使动力配置较大的石灰石破碎在接近满负荷的条件下工作，将确定石灰石破碎的流量，并以破碎后的石灰石的流量和石灰石和黏土质原料的配比，确定黏土质原料的破碎系统的流量给定值。

2. 对于石灰石碎石储库与黏土质原料破碎工艺系统之间的控制，将以黏土质原料破碎系统破碎能力为给定值（使其在接近满负荷的条件下，进行破碎作业），以破碎后的黏土质原料的流量检测值和两种原料的配比为依据，确定石灰石碎石储库的下料量。

3. 对于以破碎的黏土质原料储库与石灰石破碎工艺系统之间的控制，将以石灰石破碎系统破碎能力为给定值（使其在接近满负荷的条件下，进行破碎作业），而以破碎后的石灰石的流量检测值和两种原料的配比为依据，确定黏土质原料储库的下料量。

第二级控制系统是以检测到的物料流量与给定的流量为依据，调整物料的流量。并由此得出给料设备的给定参数（如转速），作为第三级控制系统的依据。

第三级控制系统是以检测到的给料设备的转速和给定的转速为依据，调整给料设备的转速。

通常第三级控制系统，由调速设备自行配置。其他两级闭路控制，则由工程设计中予以配置和调整完善。

第二节　生料制备系统

该系统共有五个控制系统

一、生料成分控制系统

与前面提到的预配料系统控制类似，由于有相关的三种到四种物料的比例控制，所以控制系统要复杂得多，通常控制也分为三级闭环控制。

第一级为控制通过出磨生料的成分，确定石灰石和黏土质原料及其他成分——校正料的流量比。从生料配料的工艺系统的技术发展看，这一级控制已经可以通过多元素分析仪和配套的配料计算机，完全自动的从出磨生料的成分分析开始，计算出各种原料的配比，以此计算出各种物料的流量将作为第二级控制系统的给定值。

第二级控制系统是以检测到的物料流量与给定流量为依据，调整电子秤的物料的流量。以此计算出的电子皮带秤的转速（或其他给料设备的相关参数，如电磁振动给料机的振动电流）将作为第三级控制系统的给定值。

第三级控制系统是以检测到的电子皮带秤的转速和给定的转速为依据，调整给料设备的转速（通过改变电机电源的频率或电磁调速电机的磁转子电流）。

通常第三级控制系统，由调速设备自行配置。其他两级闭路控制，则由工程设计中予以配置和调整完善。

二、生料磨磨机负荷系统

目的：在磨机运行时，使磨机负荷处于最佳状态，从而稳定磨机生产，克服负荷大幅度波动，防止闷磨和空磨。这样，既有利于稳定出磨产品的细度及质量，又能提高磨机的粉磨效率、提高磨机产量和降低电耗。

原理：在磨机运行时，磨机负荷（即磨内存留的物料量）是无法直接检测的。我们可以采用检测磨机一仓磨音、出磨提升机功率及回磨粗粉量等参数来间接地了解磨机负荷状况。通常，磨机负荷大时，磨音小且频率低，提升机功率大，回磨粗粉量多；磨机负荷小时，上述信号则出现相反的情况。但是，在闷磨的情况下，会出现异常的状况，这时磨音又小又闷，相反提升机功率越来越小，回磨粗粉量也越来越少。

另外，粉磨系统是一个长滞后、大容量的对象。因此，磨机一仓磨音、出磨提升机功率及回磨粗粉量等参数在单位阶跃函数作用时的飞升曲线均呈二阶惯性环节的特性。磨机一仓磨音的纯滞后时间约为 2～5 min，出磨提升机功率及回磨粗粉量的纯滞后时间约为 5～15 min。磨机一仓磨音、出磨提升机功率及回磨粗粉量的时间常数约为 5～7 min。

再者，影响磨机负荷的因素很多，主要有新喂入物料的物理性能（易磨性、粒度、温度）以及料量多少、回磨粗粉量、研磨体的级配情况、研磨体和衬板的磨损情况、磨内通风情况等等。而且，这些因素均为时间的函数，随着时间的推移发生着变化。

鉴于以上种种原因，采用常规的 PID 调节规律进行磨机负荷控制其效果是不会很好的，较好的办法采用磨机负荷最佳控制系统，也即磨机负荷控制的专家系统。但是，磨机负荷最佳控制系统是用高级语言编程的最佳控制系统，不在本篇的论述范围内。

在只能使用回路控制的情况下，可采用一个串级控制回路来实现磨机负荷控制。该串级控制回路的副环，以新喂入物料总量(与回磨粗粉量之和）作为被控参数，以磨机新喂入物料总量的给定值作为控制参数，调节器采用累计偏差 PI 控制动作。其目的是首先稳定入磨物料总量。该串级控制回路的主环，以磨机一仓磨音和出磨提升机功率作为两个并列的主环的被控参数，两个串级控制回路的主环调节器的输出经加权处理后其输出作为副环调节器的给定值，出磨提升机功率调节器采用 PID 控制动作，磨机一仓磨音调节器采用低增益区 PID 控制动作。其目的是调节入磨物料总量，从而稳定磨机负荷。

三、出磨生料的细度控制

出磨生料的细度控制，通常由选粉机的转速和选粉机的通过风量进行控制。要求生料的细度提高时，可提高选粉机转子的转速，或降低选粉机的通过风量；当感到生料过细，需要适当放粗时，可按相反的操作进行调节。在实际生产中由于变化并不频繁，故多数由手工控制所替代。

四、出磨气体温度控制系统

目的：使出磨气体温度处于合适的范围内，这样既能使出磨生料水分合格，又不使出磨气体温度过高，从而对设备产生不利影响。

原理：以出磨气体温度调节磨机入口热风阀门开度，改变热风量与冷风量的比例，从而使出磨气体温度趋向给定值。在实际生产中由于变化并不频繁，故多数由手工控制所替代。

五、生料磨排风机入口风压系统

目的：稳定通过磨机的空气量。

原理：以生料磨排风机入口风压作为被控参数，调节生料磨排风机入口阀门开度，使生料磨排风机入口风压稳定。在实际生产中由于变化并不频繁，故多数由手工控制所替代。

第三节　熟料烧成系统

该系统共有六个控制系统

一、入窑生料计量仓料量系统

目的：使入窑生料计量仓料位处于合适的控制范围内，这样就能使仓压稳定，从而使计量仓出料均匀稳定，这样也就为入窑生料定量给料的稳定和准确提供了先决条件。

原理：以入窑生料计量仓料位作为被控参数，调节生料均化库底出料电动调节阀门开度，使入窑生料计量仓的料位在控制范围内（设定的上下限内）。调节器采用 PID 控制动作。但是，从生料均化库底出料电动阀门卸出的生料粉要经过一根较长的螺旋输送机、斗式提升机和一根较短的螺旋输送机才能进入生料计量仓。也就是说，从生料均化库底出料电动阀门卸出的生料粉要经过大约 10 min 左右才能进入生料计量仓。对于存在这么长纯滞后的控制对象，仅采用常规的 PID 调节器是很难得到满意的调节品质的。为此，可以引入适当的前馈信号，以改善本控制回路的调节品质。

二、入窑生料喂料量计量控制系统

目的：根据给定值定量给料，从而达到稳定入窑生料喂料量的目的，为窑的稳定运行提供条件。有的生产线，为保持窑内生料填充率与窑电机驱动电流稳定，入窑生料喂料量与窑速应相对稳定在某一对应关系上，将窑转速也与生料喂料量进行联锁，即入窑生料喂料量增加时，窑速也相应增加，反之亦然。

原理：以入窑生料喂料量调节入窑生料计量仓下的喂料双管螺旋输送机的转速或电动调节阀门的开度，使入窑生料喂料量与给定值之差的累计值（即累计偏差）趋向于零。调节器采用累计偏差 PI 控制动作。

三、窑燃烧器煤粉喂料量计量控制系统

目的：根据给定值定量给料。通常情况下，窑燃烧器的煤粉喂料量由入窑的生料喂料量决定，并与之保持相对稳定。也就是说，在入窑的生料喂料量不变的情况下，煤粉喂料量也应该基本不变。若煤粉喂料量过多，会造成熟料过烧，损坏烧成带的耐火砖；反之，若煤粉喂料量过小，则造成熟料欠烧，熟料内游离钙含量较高，甚至飞灰过多，引起“跑生料”现象。

原理：以窑燃烧器煤粉喂料量调节煤粉定量给料机的给定值，使窑燃烧器煤粉喂料量与给定值之差的累计值（即累计偏差）趋向于零。调节器采用累计偏差 PI 控制动作。调节器的输

出作为煤粉定量给料机的外接给定值。煤粉定量给料机的工作原理见产品说明书。

分解炉的煤粉供应量主要根据分解炉的温度，根据温度来调整煤粉供应量。

四、窑转速控制系统

回转窑的转速是回转窑热工制度保持稳定的一个重要的调节控制参数。为了其稳定准确和较好地调整品质，通常采用直流电机或变频电机作为驱动系统的动力。

五、窑尾排风机出口压力

目的：稳定预热器窑系统的气体流量。当窑尾废气一部分入煤磨，一部分入生料磨时，克服它们不同用量的变化对窑正常运行的气体流量的影响。

原理：窑尾排风机出口是出预热器窑系统的气体流量与入煤磨的气体流量、入生料磨的气体流量、入增湿塔的气体流量和出生料磨入增湿塔的气体流量的平衡点。通常，希望增湿塔底部为零压状态。以该点压力作为系统的稳压点，将使整个系统可以保证不冒灰，增湿塔底部不因冷风进入而出现结露现象，且各处压力恒定，系统漏风状态一定，系统的工作可靠稳定。而生料磨与煤磨等需要窑尾废气作为热源的系统，也可保证系统进出口压力的稳定。但是，当上述各个流量中的任何一个发生变化时，该点压力的平衡状态将被破坏，为了恢复该点压力的平衡状态，一般以收尘风机入口阀门开度作为控制参数。

六、窑头负压

目的：使窑头处于微负压状态。有利于降低窑的热耗、避免人身设备事故和改善窑头环境。若产生正压，热空气从窑头罩孔洞处喷泄出来，一方面在窑头产生大量扬尘，恶化操作环境，而且，窑头喷火易造成人身伤亡危险；另一方面，助燃空气不能顺畅进入窑内供给煤粉燃烧，会引起燃料不完全燃烧现象。若产生较大负压，将有大量的冷空气从窑头罩孔洞处吸入，使二次风温度降低，从而增加窑的热耗。

原理：影响窑头负压的控制参数是窑尾高温风机转速或入口阀门开度，以及窑头收尘器风机的调节阀门开度。调节窑尾高温风机转速或入口阀门开度以及调节窑头收尘器的调节阀门，将可使窑头负压趋向给定值。

第四节　水泥制成系统

水泥制成系统的控制与生料制成系统的控制类似，这里不再赘述。

第五节　煤粉制备系统

该系统共有两个控制回路

一、煤磨排风机入口风压

目的：稳定通过磨机的空气量。

原理：以煤磨排风机入口风压作为被控参数，调节煤磨排风机入口阀门开度，使煤磨排风机入口风压稳定。

二、煤磨出口气体温度

目的：使出磨气体温度处于合适的范围内，这样既能使出磨煤粉水分含量合格，又不使出磨气体温度和出磨煤粉温度过高，从而对设备产生不利影响。

原理：以出磨气体温度调节磨机入口热风阀门（或冷风阀门）开度，改变热风量与冷风量的比例，从而使出磨气体温度趋向给定值。

以上回路，均具备自动调节的功能，但由于水泥生产线系统的影响因素很多，一般的模糊逻辑专家控制系统还不能完全取代人的智能对系统进行满意的调节和操作。在目前条件下，多数还是由人工进行多数回路的调节控制。但生产线的控制水平的日益提高，生产线生产状态越来越稳定，技术人员对于系统的操作经验也日渐丰富，计算机的功能也愈加完善，这也使以上的自动化操作系统的功能日趋强大，完全实现自动化的目标，将距离我们越来越近。

第十五章　生料配料控制系统

在水泥生产过程中，入窑生料的化学成分对熟料质量和窑的操作稳定性关系极大，生料配料是水泥制造工艺中最重要的环节之一。生料配料控制的目的是通过出磨生料的周期性检测并进行反馈控制，调整各种原料的配比，使入窑生料的化学成分、率值（LSF 或 KH、SM、IM）在目标值允许的范围内波动，并努力降低生料成分的波动周期，也就是提高生料成分的波动频率，从而为大幅度地提高生料均化系统的均化效果创造条件。

第一节　生料配料系统的发展

一、生料配料控制具有以下特点

1. 为了配制出具有预定的化学成分、率值（LSF 或 KH、SM、IM）的生料，需要按比例掺合两种以上的原料，通常需要 3~5 种，主要有石灰质原料、黏土质原料和少量校正原料。它们均属于天然矿物原料，其化学成分波动有很大的随机性。每一种原料除含有某一主要成分外，还含有生料成分（CaO、Fe_2O_3、SiO_2、Al_2O_3）中的所有其他成分。因此，生料配料控制是多变量控制，并可根据配料方程确定其数学模型。

2. 生料配料的控制对象，包括各原料定量给料机、磨机、选粉机以及各种输送设备，具有长滞后、大容量特性。对于球磨机闭路粉磨系统，纯滞后时间约为 10～15 min，时间常数约 2～5 min。另外，人工取样、制样的时间以及分析仪分析的时间大约也要 10～15 min。总之，对于这样长滞后、大容量的控制对象以及长滞后的检测手段，控制系统必须具有精确的对象数学模型以及有针对性的控制算法。

基于上面的两个特点，决定了生料配料控制不能采用常规的仪表控制，而必须采用计算机控制。

二、生料配料控制系统分类

1. 重量配料控制系统：不配置分析仪器，仅用人工进行出磨生料 CaO 和 Fe_2O_3 含量分析。用微机对各原料的定量给料机进行群控的系统称为生料重量配料控制系统。

2. 成分配料控制系统：配置钙铁分析仪，离线或在线进行出磨生料 CaO 和 Fe_2O_3 含量分析，并以出磨生料 CaO 和 Fe_2O_3 含量作为生料质量控制指标。根据出磨生料 CaO 和 Fe_2O_3 含量与目标值的偏差，微机自动调整各原料的配比，使出磨生料 CaO 和 Fe_2O_3 含量达到生料质量控制指标要求的控制范围。这样的系统通常称为生料成分配料控制系统。

3. 率值配料控制系统：配置 X－射线荧光分析仪，可分析出磨生料成分中的 CaO、Fe_2O_3、SiO_2、Al_2O_3 含量，并以出磨生料率值作为生料质量控制指标。根据出磨生料率值与目标值的偏差，微机自动调整各原料的配比，使出磨生料率值达到生料质量控制指标要求的控制范围。这样的系统通常称为生料率值配料控制系统。

三、生料配料控制系统由如下几部分组成

1. 各原料的定量给料机：根据给定值定量给料，给定值由磨机新喂入物料总量的给定值和该原料配比的给定值计算得出。

2. 自动取样装置：连续地从主料流中取出有代表性的样品。

3. 制样装置：首先将样品放在振动磨中，研磨约 3 min。然后，称出 15 克样品放在样品杯（环）中，用压力机加压成型。

4．离线 Ca－Fe 分析仪：离线进行出磨生料 CaO 和 Fe_2O_3 含量分析，并以出磨生料 CaO 和 Fe_2O_3 作为生料质量控制的指标。

5．生料配料控制计算机

关于定量给料机、自动取样装置、制样装置和 Ca－Fe 分析仪及多元素分析仪由于种类较多，性能和操作方法各异，详细情况请参阅有关的使用说明书。这里仅简单介绍生料配料控制计算机的主要技术指标、控制策略、操作方法和系统连接方面的情况。

第二节　主要技术指标

1．出磨生料率值合格率

入磨石灰石 CaO 含量标准偏差小于 1.0%，水分含量小于 1.0%，LSF 控制指标 ±1.5 时，出磨生料 8 h 平均 LSF 合格率 80%以上（或者 *KH* 控制指标 ±0.015 时，出磨生料 8 h 平均 *KH* 合格率 80%以上）；*SM* 和 *IM* 控制指标 ±0.10 时，出磨生料 8 h 平均 *SM* 和 *IM* 合格率 85%以上。对于三组分配料，只保证 LSF 和 *SM*（或 LSF 和 *IM*）的合格率（或者 *KH* 和 *SM*（或 *KH* 和 *IM*）的合格率）。对于二组分配料，只保证 LSF（或者 *KH*）的合格率。

2．自动控制投入率 90%以上。（停磨时间和定量给料机、自动取样装置、制样装置、离线 Ca－Fe 分析仪的故障时间除外。）

3．计算机运转率 95%以上。

第三节　控制策略

一、生料配料控制系统工作原理简介

配制生料用的几种原料，诸如：石灰石、黏土、砂页岩、铁粉等，分别装在各自的配料仓中，每个配料仓下面装有一台定量给料机，它根据给定值定量给料，给定值由磨机新喂入物料总量

的给定值和该原料配比的给定值计算得出。从各定量给料机卸下的原料，经皮带输送机入磨。按一定配比掺合的原料在磨内研磨混合后，用提升机等输送设备送入选粉机，粗粉再回磨粉磨，细粉（生料）经输送设备送入连续式生料均化库。在入生料均化库前，一般要将窑灰加入。自动取样装置要安装在窑灰掺入点之后的一段距离，让窑灰和生料能混合均匀。自动取样装置连续地从主料流中取出有代表性的样品。每小时人工取样一次，在取完样品后按一下机旁的取样按钮，发一信号给计算机，计算机把到此瞬间为止的取样—取样期间的原料消耗存放在指定单元，并重新开始下一取样—取样期间原料消耗的累计。取出的小时平均样，放在振动磨中，研磨约 3 min。然后，称出 15 g 样品放在样品杯（环）中，用压力机加压成形。放入 X——射线荧光分析仪内，分析得出的各氧化物含量，经确认后传输给生料质量控制计算机。计算机把到此瞬间为止的取样—分析期间的原料消耗存放在指定单元。根据以上实时获得的数据和从屏幕上人机对话输入的数据：率值（LSF 或 *KH*、*SM*、*IM*）目标值、各原料和窑灰的成分、磨机特性参数以及各种控制参数，控制算法计算出新的各原料配比的给定值，并与磨机新喂入物料总量的给定值计算得出各定量给料机给定值，然后输出。新的各原料配比的给定值将使生料率值（LSF 或 *KH*、*SM*、*IM*）的下一个 8 h 平均值趋向目标值。

二、生料质量指标

在水泥工业中常以石灰标准系数 LSF（或石灰饱和系数 *KH*）、硅酸率（*SM*）、铝氧率（*IM*）三个率值来表示水泥熟料中各氧化物之间的关系，而且也决定了水泥熟料矿物间的关系，因此用它们可以对熟料性和质量进行评价和分析。同样，也可以以石灰标准系数 LSF（或石灰饱和系数 *KH*）、硅酸率（*SM*）、铝氧率（*IM*）三个率值来作为生料质量指标。

三、控制算法的特点

1．每秒采集各原料和窑灰的给料量，计算出每分钟各原料和窑灰的平均给料量，或者从集散控制系统（DCS）获取每分钟各原料和窑灰的平均给料量。然后，折合成每 min 各原料和窑灰喂入的干料吨数。

2．本算法考虑了窑灰掺入到出磨生料中，然后一起进入生料均化库这种情况。因此，本算法实际上是控制入生料均化库的生料质量，而不是控制出磨的生料质量。这样，更符合实际情况，有利于稳定入窑生料的质量。窑灰的喂入量最好通过计量获得，或者在取样时，就直接采集出磨生料与窑灰的混合样，否则只能通过人机对话从屏幕输入。

3．通过磨机数学模型，将由 1．中得到的磨机入口每分钟各原料喂入的干料吨数计算成每分钟各原料出磨的干料吨数和存在磨机中各原料的干料吨数。该磨机数学模型，包括对纯滞后时间的模拟和用递推公式对时间常数的模拟。这里有一个非常重要的概念，就是在同一时间段内只有各原料出磨的干料吨数与窑灰喂入的干料吨数之总和才等于入生料均化库生料的干料吨数。也就是说，在某一时间段内入生料均化库生料的量和成分与同一时间段内出磨的各原料和喂入的窑灰的量和成分有一一对应的关系。

4．根据取样—取样期间出磨的各原料和喂入的窑灰的配比以及它们的化学成分和生料的化学成分，推算某一种原料的化学成分（一般只推算配比大于 15% 的原料）或者各原料的主成分（例如，石灰石的 CaO、黏土的 SiO_2、砂页岩的 Al_2O_3、铁粉的 Fe_2O_3），以此来跟踪原料化学成分的波动。

5．根据取样—分析期间出磨的各原料和喂入的窑灰的配比以及由 4．中推算出的原料化学成分和窑灰的化学成分，推算取样—分析期间生料的化学成分。在此推算时，还计入了存在磨机中各原料的干料吨数和它们在出磨时将掺入的窑灰量。

6. 将取样—取样期间的生料化学成分与率值目标值进行比较，并以 CaO、SiO_2、Al_2O_3 或 Fe_2O_3 的产量加权偏差形式表示率值偏差，这样的偏差称之为基本偏差。同理，取样—分析期间的偏差称之为附加偏差。累计最新 5 次基本偏差，称之为累计偏差。将累计偏差与附加偏差之和除以消除偏差的生料产量，称之为控制偏差。消除偏差的生料产量，一般取磨机小时平均产量，但需根据系统的调节品质作适当的调整。

7. 将控制偏差和由 4. 中推算出的原料的化学成分代入配料方程，用“最短最小二乘解”法，计算出能消除偏差的新的原料干剂配比。该算法的解为近似解，但其精度完全能满足生料配料计算和配料控制的要求。该算法的优点是解题速度快，可解不定方程。因此，对二～五组分配料均能得到近似解，并可设置率值权重系数，以改善重点率值的控制效果。例如，三组分配料时，一般只能控制两个率值，我们可以加大 LSF 和 SM 的权重系数，并减小 IM 的权重系数，这样就能在保证 LSF 和 SM 的控制效果的同时兼顾 IM。

8. 将新的原料干剂配比折合成湿剂配比，经越限检查和处理后，作为各原料配比的给定值输出。

9. 每执行完一次控制后，打印一份控制报表。

10. 提供两种离线生料配料计算，一种是从熟料率值指标出发，另一种是从生料率值指标出发进行计算的。它们所使用的熟料率值指标、生料率值指标、原料化学成分以及水分含量等原始数据和计算出来的生、熟料率值以及化学成分、原料配比等等与控制程序中使用的同一参数所使用的变量名不同，因此进行离线生料配料计算不会改变控制程序中使用的参数值。每执行完一次计算后，打印一份生料配料计算报表。

11. 控制水平：由于采用成分配料，大大提高了控制精度，大大缩短了反馈调节的时间，这对于时间滞后系统的控制是非常有利的。这不但使出磨生料的成分偏差及累积偏减少，也使生料成分的波动周期明显减小，这也将大大提高生料均化环节的均化效率。从而使入窑生料的合格率有大幅度的提高。

由于这种反馈控制方法，对于长时间的滞后系统的控制，其控制精度总是受到时间滞后的很大影响的。为了有效的消除这一不利影响，提高控制水平，以至于降低原料预均化和生料均化系统的作业负荷要求，简化生产系统，降低全系统的总投资。目前开展的生料配料的前馈控制系统正在研究开发中。系统采用功能强大的射线分析装备，对入磨的混合原料进行快速检测，从而对于出磨生料的成分进行有效的前馈控制。这种生料成分控制系统，对于出磨生料成分的控制达到了相当高的水平。但是这种分析装备的成本较高，系统尚不太稳定，操作难度较高，目前尚未大范围推广，仍处于研究开发阶段。

附文 1

预分解窑操作的要点

在水泥厂中,烧成车间相对而言要比其他车间复杂得多。这主要是熟料烧成有严格的热工制度,要求风、煤、料和窑速进行合理匹配,出现异常情况要及时调整。否则,短时间内影响一点产、质量事小,如果外理不当还会出现红窑或预分解系统堵塞等问题。通过生产实践,体会到,当一个好的窑操作员,既要在中控室操作自如,判断正确、果断,又要解决好烧成现场出现的实际问题,实属不易。下面就预分解窑的操作谈一些体会,供大家参考。

1 看火操作的具体要求

(1)作为一名回转窑操作员,首先要学会看火。要看火焰形状、黑火头长短、火焰亮度及是否顺畅有力,要看熟料结粒、带料高度和翻滚情况以及后面来料的多少,要看烧成带窑皮的平整度和窑皮的厚度等。

(2)操作预分解窑要坚持前后兼顾,要把预分解系统情况与窑头烧成带情况结合起来考虑,要提高快转率。在操作上,要严防大起大落、顶火逼烧,要严禁跑生料或停窑烧。

(3)监视窑和预分解系统的温度和压力变化、废气中 O_2 和 CO 含量变化和全系统热工制度的变化。要确保燃料的完全燃烧,减少黄心料。尽量使熟料结粒细小均齐。

(4)严格控制熟料 f－CaO 含量低于 1.5%,立升重波动范围在 ± 50 g/L 以内。

(5)在确保熟料产、质量的前提下,保持适当的废气温度,缩小波动范围,降低燃料消耗。

(6)确保烧成带窑皮完整坚固,厚薄均匀,坚固。操作中要努力保护好窑衬，延长安全运转周期。

2　预热器系统的调节

2.1　撒料板角度的调节

撒料板一般都置于旋风筒下料管的底部。经验告诉我们，通过排灰阀的物料都是成团的，一股一股的。这种团状或股状物料，气流不能带起，会直接落入旋风筒中，造成短路。撒料板的作用就是将团状或股状物料撒开，使物料均匀分散地进入下一级旋风筒进口管道的气流中。在预热器系统中，气流与均匀分散物料间的传热主要是在管道内进行的。尽管预热器系统的结构形式有较大差别，但下面一组数据基本相同。一般情况下，旋风筒进出口气体温度之差多数在 20 ℃左右，出旋风筒的物料温度比出口气休温度低 10 ℃左右。这说明在旋风筒中物料与气体的热交换是微乎其微的。因此撒料板将物料撒开程度的好坏，决定了生料受热面积的大小，直接影响热交换效率。撒料板角度太小，物料分散效果不好；反之，板易被烧坏，而且大股物料下塌时，由于管路截面较小，容易产生堵塞。所以生产调试期间应反复调整其角度。与此同时，注意观察各级旋风筒进出口温差，直至调到最佳位置。

2.2　排灰阀平衡杆角度及其配重的调整

预热器系统中每级旋风筒的下料管都设有排灰阀。一般情况下，排灰阀摆动的频率越高，进入下一级旋风筒进气管道中的物料越均匀，气流短路的可能性就越小。排灰阀摆动的灵活程度主要取决于排灰阀平衡杆的角度及其配重。根据经验，排灰阀平衡杆的位置应在水平线以下，并与水平线之间的夹角小于 30 °。有人做过计算，最好能调到 15 °左右。因为这时平衡杆和配重的重心线位移变化很小，而且随阀板开度增大，上述重心和阀板传动轴间距同时增大。力矩增大，阀板复位所需时间缩短，排灰阀摆动的灵活程度可以提高。至于配重，应在冷态时初调，调到用手指轻轻一抬，平衡杆就起来，一松手平衡杆就复位。热态时，只需对个别排灰阀作微量调整即可。

2.3 压缩空气防堵吹扫装置吹扫时间的调整

预热器系统中,每级旋风筒根据其位置、内部温度和物料性能的不同,在锥体一般都设有1~3圈压缩空气防堵吹扫装置。空气压力一般控制在0.6~0.8 MPa。系统正常运行时,由计算机定时进行自动吹扫。吹扫时间可以根据需要人为设定。一般为每隔20 min左右,整个系统自动轮流吹扫一遍。每级旋风筒吹扫3~5 s。当预热器系统压力波动较大或频繁出现塌料等异常情况时,随时可以缩短吹扫时间间隔,甚至可以定在某一级旋风筒上进行较长时间的连续吹扫。当然无异常情况,不应采取这种吹扫方法。因为吹入大量冷空气将会破坏系统正常的热工制度,降低热效率,增加系统热耗。

3 新窑第一次点火及挂窑皮期间的操作方法

新窑耐火衬料烘干结束后,一般可以继续升温进行投料运行。但如果耐火衬料烘干过程中温度控制忽高忽低波动较大,升温速率太高,则最好将其熄火,待冷却后进行系统内部检查。如果发现耐火衬料大面积剥落,则必须进行修补,甚至更换。

3.1 窑头点火升温

3.1.1 窑头点火

现代化的预分解窑,窑头都采用三风道或四风道燃烧器,喷嘴中心都设有点火装置。新窑第一次挂窑皮,最好使用轻柴油点火。因为这样点火,油煤混合燃烧,用煤量少,火焰温度高,煤粉燃尽率也高。如果用木材点火,火焰温度低,初期喷出的煤粉只有挥发分和部分固定碳燃烧。煤粉中大部分固定碳未燃尽就在窑内沉降。而且木材燃烧后留下大量木灰,这些煤灰和木灰在高温作用下被烧融,黏挂在耐火砖表面,不利于黏挂持久、坚固、结实和稳定的窑皮。

窑头点火一般用浸油的棉纱包绑在点火棒上,点燃后置于喷嘴前下方,随后即刻喷油。待窑内温度稍高一些后开始喷入少量煤粉。在火焰稳定、棉纱包也快烧尽时,抽出点火棒。以后随着用煤量的增加,火焰稳定程度的提高,逐渐减少轻柴油的喷入量,直至全部取消。在此期间,窑尾温度应遵循升温曲线缓慢上升。在RSP型分解炉上,为使RSP分解炉涡流分解室有足够的温度加速煤粉的燃烧,窑头点火前应将2个C_4旋风筒排灰阀杆吊起。这样,窑尾部分高温废气可以进入涡流分解室经排灰阀、下料管入C_4旋风筒,对涡流分解室起到预热升温的作用。

3.1.2　升温曲线和转窑制度

图1中曲线表示系统从冷态窑点火升温到开始挂窑皮期间窑尾废气温度、C_5出口温度和C_1出口温度以及不同温度段的转窑制度。

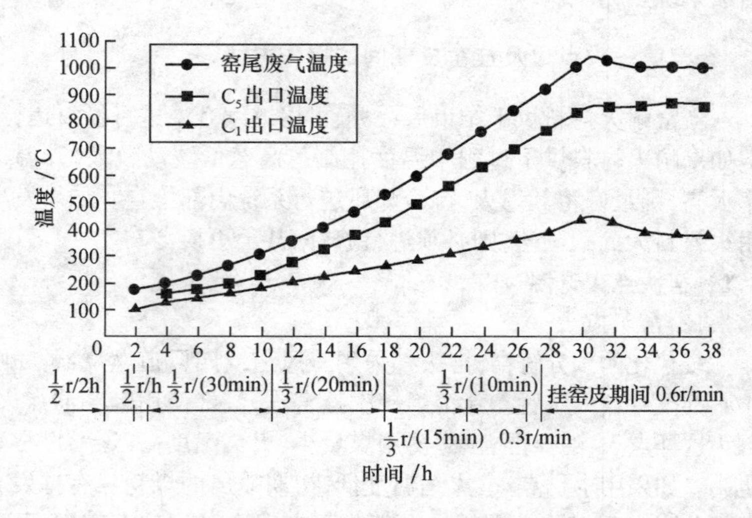

图1　升温曲线和转窑制度

当窑点火升温约达24 h以后,即窑尾废气温度约为750～800 ℃时,启动生料喂料系统,向窑内喂入5%左右的设计喂料量,为挂好窑皮创造条件。

3.2 投料挂窑皮

当预热器系统充分预热,窑尾温度达 950 ℃左右,这时分解炉涡流分解室温度可达 650～700 ℃,窑头火砖开始发亮发白时,早先喂入的几吨生料也即将进入烧成带。这时,窑头留火待料,保持烧成带有足够高的温度,并将吊起的 2 个 C_4 排灰阀复原。三次风管阀门开至 10%左右,打开涡流燃烧室和分解室阀门,开始向涡流分解室喷轻柴油和少量煤粉。当 C_1 出口温度达 400～450 ℃时,打开置于 C_1 出口至高温风机废气管道上的冷风阀,掺入冷风调节废气温度,保护高温风机。待 C_5 出口温度达 900 ℃时,适当开大三次风管阀门后即可下料。喂料量为设计能力的 30%～40%。喂料后逐渐关闭冷风阀,适当加大喂煤量和系统排风量,窑以较低的转速(如 0.3～0.6 r/min)连续运转并开始挂窑皮。当系统比较正常,分解炉温度稳定后,就可以撤除点火喷油嘴。如果系统烧无烟煤,则应适当延长点火喷嘴的使用时间,但油量可以减少,以对无烟煤起助燃作用。

挂好窑皮是延长烧成带耐火砖寿命,提高回转窑运转率的重要环节。其关键是掌握火候,待生料到达烧成带时及时调整燃料量和窑速,确保稳定的烧成带温度。窑速与喂料量相适应,使黏挂的窑皮厚薄一致、平整、均匀、坚固。挂窑皮期间严防烧成带温度骤变。温度太高,挂上的窑皮易被烧垮,生料易烧流,在窑内"推车"会严重磨蚀耐火砖;温度突然降低会跑生料,形成疏松夹心窑皮,极易塌落,影响窑皮质量。

挂窑皮时间,一般约需 3～4 个班。窑皮挂到一定程度以后,生料喂料量可以 3～5 t/h 的速度增加,直至 100%的设计能力。窑速和系统排风也随燃料和生料喂料量的增加而逐渐加大。

3.3 冷却机的操作

(1)挂窑皮初期,窑产量很低。待熟料开始入冷却机时再启动篦床。但篦速一定要慢,使熟料在篦床上均匀散开,并保持一定的料层厚度。

(2)以设定冷却风量为依据,使篦下压力接近设定值。注意避免冷却风机阀门开度太大,否则吹穿料层,造成短路。

(3)运行中注意观察拉链机张紧情况并检查有无空气泄漏和串风现象。漏风严重时,可暂停拉链机,使机内积攒一定量的细料,以提高料封效果。

(4)操作中如发现篦板翘起或脱落,要及时处理,严防篦板掉入熟料破碎机,造成严重事故。

3.4 三次风管阀门的调节

(1)分解炉点火时,三次风温度很低。因此打开电动高温蝶阀时,宜小且缓慢,以避免涡流分解室温度骤降给点火带来困难。

(2)投料后适当地调整涡流分解室顶部3个阀门的开度,以满足它们所在位置管道阻力的差异。当生料喂料量达设计产量的80%左右时,使总阀门开度达70%~100%。

3.5 系统温度的控制

从投料挂窑皮到窑产量达设计能力之前,烧成系统热耗一般都相对较高。因此系统温度控制可比正常值偏高:

(1)窑尾温度:1 000~1 050 ℃;

(2)分解炉混合室出口温度:900 ℃;

(3)C_1 出口废气温度:350~400 ℃。

3.6 废气处理系统的操作

(1)系统投料之前,一般增湿塔不喷水,但出口废气温度应≤250 ℃,以免损坏电除尘器的极板和壳体。

(2)增湿塔投入运行后,注意塔底窑灰水分,严防湿底。

(3)待烧成系统热工制度基本稳定后,电除尘器才能投入运行,并控制电除尘器入口废气CO含量在允许范围以内。

4 挂窑皮的影响因素

4.1 生料化学成分

所谓挂窑皮就是液相凝固到耐火砖表面的过程。因此熟料烧成液相量的多少、液相黏度的高低会直接影响到窑皮的形成，而生料化学成分会直接影响液相量及其黏度。以前湿法窑，人们主张挂窑皮期间的生料硅酸率适当偏低一些，而饱和比适当偏高一些。但对于预分解窑，目前窑头都使用三风道或四风道燃烧器，回转窑正常运行时，一次风量少，二次风温度又很高。因此煤粉燃烧速度、火焰温度远高于湿法窑。如果降低硅酸率，液相量相应增加，物料容易烧流，挂上的窑皮不吃火容易脱落。所以一般都主张挂窑皮的生料应与正常生料成分相同为好。

4.2 烧成温度和火焰控制

挂好烧成带窑皮的主要因素除有一定的液相量和液相黏度以外，还要有适当的温度，气流、物料和耐火砖之间要有一定的温差。一般应控制在正常生产时的烧成温度。掌握熟料结粒细小而均齐，不烧大块更不能烧流，严禁跑生料。升重控制在正常生产指标内。要保持烧成温度稳定、窑速稳定、火焰形状完整、顺畅。这样挂出的窑皮厚薄一致、平整、均匀、坚固。

4.3 喂料量和窑速

为了使窑皮挂得坚固、均匀、平整，稳定窑内热工制度是先决条件。挂窑皮期间，稳定的喂料量和稳定的窑速是至关重要的。喂料量过多或窑速过快，窑内温度就不容易控制，黏挂的窑皮就不平整，不坚固。所以新窑第一次挂窑皮起始喂料量和窑速最好能控制在设计产量的 35% 左右。挂到一定程度以后再视窑皮黏挂情况逐渐缓慢增加。

4.4 挂窑皮期间的喷嘴位置

一般情况下，喷嘴位置应尽量靠前（往外拉）一点，同时偏料，火焰宜短不宜长。这样高温区较集中，高温点靠前，使窑皮由窑前逐渐往窑内推进。随着生料喂料量的逐渐增加，喷嘴要相应往窑内移动。待窑产量增加到正常情况，喷嘴也随之移到正常生产的位置。挂窑皮期间切忌火焰太长，否则高温区不集中，窑皮挂得远或前薄后厚，甚至出现前面窑皮尚未挂好，后面已经形成结圈等不利情况。

5　回转窑火焰的调节

目前国内预分解窑大多采用三风道或四风道燃烧器，而火焰形状则是通过内流风和外流风的合理匹配来进行调整的。由于预分解窑入窑生料 $CaCO_3$ 分解率已高达90%左右，所以一般外流风风速应适当提高，这样可以控制烧成带稍长一点，以利于高硅酸率物料的预烧和细小均齐熟料颗粒的形成。如需缩短火焰使高温带集中一些或煤质较差、燃烧速度较慢时，则可以适当加大内流风，减少外流风；如果煤质较好或窑皮太薄，窑筒体表面温度偏高，需要拉长火焰，则应加大外流风，减少内流风。但是外流风风量过大时容易造成火焰太长，产生过长的浮窑皮，容易结后圈，窑尾温度也会超高；内流风风量过大，容易造成火焰粗短、发散，不仅窑皮易被烧蚀，顶火逼烧还容易产生熟料结粒粗大并出现黄心熟料。

目前国内大中型预分解窑生产线大多设有中央控制室。操作员在中控室操作时主要观察彩色的CRT上显示带有当前生产工况数据的模拟流程图。但火焰颜色，实际烧成温度、窑内结圈和窑皮等情况在电视屏幕上一般看不清楚，所以最好还应该经常到窑头进行现场观察。

在实际操作中，假如发现烧成带物料发黏，带起高度比较高，物料翻滚不灵活，有时出现饼状物料，这说明窑内温度太高了。这时应适当减少窑头用煤量，同时适当减少内流风，加大外流风使火焰伸长，缓解窑内太高的温度。

若发现窑内物料带起高度很低并顺着耐火砖表面滑落，物料发散没有黏性，颗粒细小，熟料 f－CaO 高，则说明烧成带温度过低，应加大窑头用煤量，同时加大内流风，相应减少外流风，使火焰缩短，烧成带相对集中，提高烧成带温度，使熟料结粒趋于正常。

假如发现烧成带窑筒体局部温度过高或窑皮大量脱落，则说明烧成温度不稳定，火焰形状不好，火焰发散冲刷窑皮及耐火砖。

这时应减少甚至关闭内流风，减少窑头用煤量，加大外流风，使火焰伸长或者移动喷煤管，改变火点位置，重新补挂窑皮，使烧成状况恢复正常。

总之，窑内火焰温度、火焰形状要勤观察勤调整，以满足实际生产的需要。

6　篦式冷却机的操作和调整

篦式冷却机的操作目标是要提高其冷却效率，降低出冷却机的熟料温度，提高热回收效率和延长篦板的使用寿命。操作时，可通过调整篦床运行速度，保持篦板上料层厚度，合理调整篦式冷却机的高压、中压风机的风量，以利于提高二、三次风温度。当篦板上料层较厚时，应加快篦床运行速度，开大高压风机的风门，使进入冷却机的高温熟料始终处于松动状态。并适当关小中压风机的风门，以减少冷却机的废气量；当篦板上料层较薄时，较低的风压就能克服料层阻力而吹透熟料层。因此，这时可适当减慢篦床运行速度，关小高压风机风门，适当开大中压风机风门，以利于提高冷却效率。

7　增湿塔的调节和控制

增湿塔的作用是对出预热器的含尘废气进行增湿降温，降低废气中粉尘的比电阻值，提高电除尘器的除尘效率。

对于带五级预热器的系统来说，生产正常操作情况下，C_1 出口废气温度为 320～350 ℃，出增湿塔气体温度一般控制在 120～150℃，这时废气中粉尘的比电阻可降至 10^{10} Ω·cm 以下。满足这一要求的单位熟料喷水量为 0.18～0.22 t/t。实际生产操作中，增湿塔的调节和控制，不仅要控制喷水量，还要经常检查喷嘴的雾化情况；这项工作经常被忽视，所以螺旋输送机常被堵死，给操作带来困难。

一般情况下，在窑点火升温或窑停止喂料期间，增湿塔不喷水,也不必开电除尘器。因为此时系统中粉尘量不大,更重要的是在上述两种情况下,燃煤燃烧不稳定,化学不完全燃烧产生的CO浓度比较高,不利于电除尘器的安全运行。假如这时预热器出口废气温度超高,则可以打开冷风阀以保护高温风机和电除尘器极板。但投料后,当预热器出口废气温度达300℃以上时,增湿塔应该投入运行,对预热器废气进行增湿降温。

8　煤粉细度的控制原则

关于煤粉细度,各水泥厂都有自己的控制指标。它主要取决于燃煤的种类和质量。煤种不同,煤粉质量不同,煤粉的燃烧温度、燃烧所产生的废气量也是不同的。对正常运行中的回转窑来说,在燃烧温度和系统通风量基本稳定的情况下,煤粉的燃烧速度与煤粉的细度、灰分、挥发分和水分含量有关。绝大多数水泥厂,水分一般都控制在1.0%左右。所以挥发分含量越高,细度越细,煤粉越容易燃烧。当水泥厂选定某矿点的原煤作为烧成用煤后,挥发分、灰分基本固定的情况下,只有改变煤粉细度才能满足特定的燃烧工艺要求。然而煤粉磨得过细,不仅增加能耗,还容易引起煤粉的自燃和爆炸。因此选定符合本厂需要的煤粉细度,对稳定烧成系统的热工制度,提高熟料产质量和降低热耗都是非常重要的。下面介绍几个根据煤粉挥发分和灰分含量来确定煤粉细度的经验公式:

(1)用烟煤

对预分解窑来说,目前国内外水泥厂都采用三风道或四风道燃烧器。由于它们的特殊性能,煤粉细度可以适当放宽。简单地说,当煤粉灰分<20%时,煤粉细度应为挥发分含量的0.5~1.0倍;当灰分高达40%左右时,细度应为挥发分含量的0.5倍以下。

国内某水泥厂用过优质煤也用过劣质煤。根据该厂多年的生产实践,总结出经验公式如下:

$$R = 0.15 \times (\frac{V + C}{A + W}) \times V$$

另一个厂则用如下经验公式：

$$R = (1 - 0.01\,A - 0.0011\,W) \times 0.5\,V$$

式中　　R——90 μm筛筛余，%；

V、C、A、W——分别代表入窑和分解炉煤粉的挥发分、固定碳、灰分和水分，%。

下同。

(2)用无烟煤

①伯力鸠斯公司介绍烧无烟煤时煤粉细度经验公式：

$$R \leqslant \frac{27 \times V}{C}$$

②国外某公司的研究成果经验公式：

$$R \leqslant (0.5 \sim 0.6) \times V$$

③天津水泥工业设计研究院烧无烟煤煤粉细度经验公式：

$$R = \frac{V}{2} - (0.5 \sim 1.0)$$

必须指出，许多水泥厂对煤粉水分控制不够重视，认为煤粉中的水分能增加火焰的亮度，有利于烧成带的辐射传热。但是煤粉水分高了，煤粉松散度差，煤粉颗粒易黏结使其细度变粗，影响煤粉的燃烧速度和燃尽率；煤粉仓也容易起拱，影响喂煤的均匀性。生产实践证明，入窑煤粉水分控制≤1.0%对水泥生产和操作都是有利的。

9　预分解窑的操作特点

9.1　烧成带较长，窑速很快

预分解窑烧成带的长度约为窑筒体直径的5.0~5.5倍，较其他窑型都长。又由于入窑生料$CaCO_3$分解率一般高达90 %左右，因此窑内物料预烧好，化学反应速度加快，所以出现窜料的可能性减少，这为提高窑速创造了良好条件。正常情况下窑速一般控制在 3.0 r/min 左右。由于窑速快,窑内料层薄,物料填充率只有 7%左右,而且来料比较均匀。所以熟悉预分解窑的窑操作员普遍反映,这种窑料子好烧,好控制,好操作。但是必须指出,我国绝大多数的预分解窑,包括早期建成甚至在建的,其 L/D 为 15~16,与预热器窑基本相当。这使出分解带后的生料温度升到 1 250℃所需时间为预热器窑的近 3 倍,约 15 min 左右。这样,使得已形成的 C_2S 和 CaO 矿物晶体在较长的过渡带内长大,活性降低,不利于 C_3S 的形成。为了解决这个问题,德国洪堡公司开发了 $L/D=10$ 的短窑(我国新疆水泥厂 4 号窑 ϕ4.0 m×43 m 就是这种窑型)。窑筒体的缩短,使过渡带也相应缩短,生料通过过渡带的时间约为 6 min。这样刚形成的 C_2S 和刚分解出来的 CaO 活性很高,有利于 C_3S 的形成和熟料产质量的提高。

由于三通道尤其是四通道燃烧器的广泛应用以及碱性耐火砖质量的提高,为进一步提高烧成温度创造了条件。窑速也由 3.0 r/min提高到3.5 r/min左右,最高已达4.0 r/min,使物料在窑内停留时间相应缩短,从而提高了出过渡带矿物的活性。烧成温度的提高和窑速的加快,也促进了 C_3S 矿物的形成速率。而第三代空气梁式篦冷机的广泛应用,使出窑熟料得到急速淬冷,冷却机热回收效率已达 73% 以上。所有这些使我国预分解窑的产质量都有很大提高,燃料消耗大大降低,3 000 t/d 以上规模的预分解窑熟料热耗已接近 3 000 kJ/kg。其热工参数和技术经济指标已达到国际先进水平。

9.2 黑影远离窑头

由于入窑生料 $CaCO_3$ 分解率很高,窑内分解带大大缩短,过渡带尤其是烧成带相应延长,物料窜流性小,一般窑头看不到生料黑影。因此看火操作时必须以观察火焰、窑皮、熟料颜色、亮度、结粒大小、带料高度、升重以及窑的传动电流为主。必须指出,因为窑速快,物料在窑内停留时间只有 25 min 左右,所以窑操作员必须勤观察，细调整，否则跑生料的现象也是经常发生的。

9.3 冷却带短，易结前圈

预分解窑冷却带一般都很短，有的根本没有冷却带。出窑熟料温度高达 1 300 ℃以上，这时熟料中的液相量仍未完全消失，所以极易产生前结圈。

9.4 黑火头短，火力集中

三通道或四通道燃烧器能使风、煤得到充分混合。所以煤粉燃烧速度快，火焰形状也较为活泼，内流风、外流风比例调节方便，比较容易获得适合工艺煅烧要求的黑火头短、火力集中的火焰形状。

9.5 要求操作员有较高的素质

预分解窑入窑生料 $CaCO_3$ 有 90％左右已经分解，所以生料从分解带到过渡带温度变化缓慢，物料预烧好，进入烧成带的料流就比较稳定。但由于预分解窑系统有预热器、分解炉和窑 3 部分，窑速快，生料运动速度就快，系统中若出现任何干扰因素，窑内热工制度就会迅速发生变化。所以操作员一定要前后兼顾，全面了解系统的情况，对各种参数的变化要有预见性。发现问题，预先小动用煤量，尽可能少动或不动窑速和喂料量，以避免系统热工制度的急剧变化，要做到勤观察、小动作，及时发现问题，及时排除。

10 预分解窑风、煤、料和窑速的合理控制

操作好预分解窑，风、煤、料和窑速的合理匹配是至关重要的。喂多少料，需要烧多少煤，也就决定了系统排风量。根据窑内物料的煅烧状况，窑速该打多快，窑操作员必须随时做到心中有数。

10.1 窑和分解炉风量的合理分配

窑和分解炉用风量的分配是通过窑尾缩口和三次风管阀门开度来实现的。正常生产情况下，一般控制氧含量在窑尾为 1％左右，在炉出口为 3％左右。如果窑尾 O_2 含量偏高，说明窑内通风量偏大。其现象是窑头窑尾负压比较大，窑内火焰较长，窑尾温度

较高，分解炉用煤量增加时炉温上不去，而且还有所下降。出现这种情况，在喂料量不变的情况下，应关小窑尾缩口闸板开度（当三次风管阀门开度较小时也可开大三次风阀门，以增加分解炉燃烧空气量，也有利于降低系统阻力）。与此同时，相应增加分解炉用煤量，以利于提高入窑生料 $CaCO_3$ 分解率。如果窑尾 O_2 含量偏低，窑头负压小，窑头加煤温度上不去，说明窑内用风量小，炉内用风量大。这时应适当关小三次风管阀门开度。需要时增加窑用煤量，减小分解炉用煤量。

10.2 窑和分解炉用煤分配比例

分解炉的用煤量主要是根据入窑生料分解率、C_5 和 C_1 出口气体温度来进行调节的。如果风量分配合理，但分解炉温度低，入窑生料分解率低，C_5 和 C_1 出口气体温度低，说明分解炉用煤量过少。如果分解炉用煤量过多，则预分解系统温度偏高，热耗增加，甚至出现分解炉内煤粉燃尽率低，煤粉到 C_5 内继续燃烧，致使在预分解系统产生结皮或堵塞。

窑用煤量的大小主要是根据生料喂料量、入窑生料 $CaCO_3$ 分解率、熟料升重和 f－CaO 来确定的。用煤量偏少，烧成带温度会偏低，生料烧不熟，熟料升重低，f－CaO 高；用煤量过多，窑尾废气带入分解炉热量过高，势必减少分解炉用煤量，致使入窑生料分解率降低，分解炉不能发挥应有的作用，同时窑的热负荷高，耐火砖寿命短，窑运转率就低，从而降低回转窑的生产能力。

窑/炉用煤比例取决于窑的转速、L/D 及燃料的特性等。一般情况下，控制在（40％～45％）:（60％～55％）比较理想。生产规模越大，分解炉用煤量也应按较高比例控制。

10.3 窑速和窑喂料量成正比关系

回转窑的窑速随喂料量的增加而逐渐加快。当系统正常运行时，窑速一般应控制在 3.0 r/min，不过近年来又有提高的趋势，最高已达 4.0 r/min，这是预分解窑的重要特性之一。窑速快，窑内料层薄,生料与热气体之间的热交换好,物料受热均匀,进入烧成带的物料预烧好。如果遇到垮圈、掉窑皮或小股塌料,窑内热工制度稍有变化,增加一点喂煤量,系统很快就能恢复正常;假如窑速太慢,窑内物料层就厚,物料与热气体热交换差,预烧不好,生料黑影就会逼近窑头,窑内热工制度稍有变化,极易跑生料。这时即使增加喂煤量,由于窑内料层厚,烧成带温度回升也很缓慢,容易出现短火焰逼烧,产生黄心料,熟料 f-CaO 也高。同时大量未燃尽的煤粉落入料层造成不完全燃烧,还容易出现大蛋或结圈。

10.4 风、煤、料和窑速合理匹配是烧成系统操作的关键

窑和分解炉用煤量取决于生料喂料量。系统风量取决于用煤量。窑速与喂料量同步,更取决于窑内物料的煅烧状况。所以风、煤、料和窑速既相互关联,又互相制约。对于一定的喂料量,煤少了,物料预烧不好,烧成带温度提不起来,容易跑生料;煤多了,系统温度太高,物料易被过烧,窑内容易产生结圈、结蛋,预热器系统容易形成结皮和堵塞;风少了,煤粉燃烧不完全,系统温度低。在这种情况下再多加煤,温度还是提不起来,CO 含量增加,还原气氛下使 Fe_2O_3 变成 FeO,产生黄心熟料。在风、煤、料一定的情况下,窑速太快生料黑影就逼近窑头,易跑生料;窑速太慢,则窑内料层厚,生料预烧不好,容易产生短火急烧形成黄心熟料,熟料 f-CaO 含量高。

由此可见,风、煤、料和窑速的合理匹配是稳定烧成系统的热工制度、提高窑的快转率和系统的运转率,使窑产量高、熟料质量好及煤粉消耗少的关键所在。

11 应尽快跳过低产量的塌料危险区

预分解窑生产工艺的最大特点之一是约 60% 的燃料量在分解炉内燃烧。一般入窑生料温度可达 830～850 ℃,分解率达90%以上。这就为快转窑、薄料层、较长火焰煅烧熟料创造有利条件。因此,在窑皮较完整的情况下,窑开始喂料的起点值应该比较高,

一般不低于设计产量的60%。以后逐步增加喂料量,但应尽量避免拖延低喂料量的运行时间。在喂料量逐渐增加的阶段,关键要掌握好风、煤、料和窑速之间的关系。操作步骤应该是先提风后加煤,先提窑速再加料。初期加料幅度可适当大些,喂料量达80%以后适当减缓。加料期间,只要系统的热工参数在合理范围的上限,尽管大胆操作。这样,即使规模很大的预分解窑,达到100%的设计喂料量只需约1 h。一般情况下,喂料量加至设计值80%以上,窑运行就比较稳定了。我们操作过大到3 200 t/d,小到360 t/d规模的预分解窑,在窑皮正常的情况下,从开始喂料到最高产量,一般都能在1 h以内完成。如果说80%以下喂料量为塌料的危险区,那么喂料量从60%增加到80%,只需要十几分钟的时间,以后窑况就趋于稳定。这是因为预分解系统中料量已达到一定浓度,料流顺畅,旋风筒锥体出料口、排灰阀和下料管内随时都有大量生料通过,对上述部位的外漏风和内漏风都能起到抑制作用,因此很少塌料。即使有也是小股生料,对操作运行没有太大影响。所以人们都说,操作预分解窑,窑产量越高越容易操作就是这个道理。

12 窑内结大蛋的原因及其相应措施

12.1 熟料配料方案中硅酸率偏低

配料方案中AL_2O_3、Fe_2O_3含量高,SiO_2含量低是形成窑内结蛋的前提条件之一。所以国内外绝大多数预分解窑都控制$AL_2O_3+Fe_2O_3<9\%$,液相量24%左右,$SiO_2>22\%$,$n>2.50$。

12.2 有害成分的影响

分析结果表明,结皮或结蛋料中有害成分明显高于相应入窑生料中的含量。因为有害成分能促进中间相特征矿物的形成,而其就是形成结蛋结皮的特征矿物,如钙明矾石($2CaSO_4\cdot K_2SO_4$),硅方解石($2C_2S\cdot CaCO_3$)等。有害成分越多、它们的挥发率越高,系统中富集程度越高,特征矿物生成的机会也越多,窑内出现结蛋的可能性就越大。所以目前国内外预分解窑一般都控制入窑生料

中 R_2O＜1.0%，Cl^-＜0.015%，灼烧基硫碱克分子比控制在0.5～1.0；燃料中控制 SO_3＜3.0%。

12.3 看火操作和煤粉细度对窑内结蛋的影响

在回转窑操作中，风、煤调配不当有时是很难避免的。当窑内通风不良时，就会造成煤粉不完全燃烧，煤粉跑到窑后去烧，煤灰不均匀地掺入生料，火焰过长，窑后温度过高，液相提前出现，容易在窑内结蛋。另外，煤粉细度、灰分和煤灰熔点温度的高低也都会影响回转窑的操作。煤粉粗、灰分高，容易引起煤灰与生料混合不均匀。当窑尾温度过高时，窑后物料出现不均匀的局部熔融，成为形成结蛋的核心，然后在窑内越滚越大形成大蛋。

12.4 开、停窑越频繁，喂料喂煤不稳定，系统塌料越严重，窑内热工制度波动越大，窑内越容易结大蛋

综上所述，为避免或减少窑内结大蛋的问题，理化中心应该合理调整熟料率值，严格控制入窑生料的有害成分和煤粉质量，提高入窑生料的均匀性。窑操作员应该精心操作，把握好风、煤、料和窑速的合理匹配，稳定烧成系统的热工制度，这样窑内结大蛋的问题是可以避免的。

13 结圈形成的原因、预防措施和处理方法

13.1 结圈形成的原因

当窑内物料温度达到 1 200 ℃左右时就出现液相，随着温度的升高，液相黏度变小，液相量增加。暴露在热气流中的窑衬温度始终高于窑内物料温度。当它被料层覆盖时，温度突然下降，加之窑筒体表面散热损失，液相在窑衬上凝固下来，形成新的窑皮。窑继续运转，窑皮又暴露在高温的热气流中被烧熔而掉落下来。当它再次被物料覆盖，液相又凝固下来，如此周而复始。假如这个过程达到平衡，窑皮就不会增厚，这属正常状态。如果黏挂上去的多，掉落下来的少，窑皮就增厚。反之则变薄。当窑皮增厚达一定程度就形成结圈。形成结圈的原因主要有如下几点：

13.1.1 入窑生料成分波动大，喂料量不稳定

实际生产过程中，窑操作员最头疼的事是入窑生料成分波动太大和料量不稳定。窑内物料时而难烧时而好烧或时多时少，遇到高 *KH* 料时，窑内物料松散，不易烧结，窑头感到“吃火”，熟料 f-CaO高，或遇到料量多时都迫使操作员加煤提高烧成温度，有时还要降低窑速；遇到低 *KH* 料或料量少时，窑操作上不能及时调整，烧成带温度偏高，物料过烧发黏，稍有不慎就形成长厚窑皮，进而产生熟料圈。

13.1.2 有害成分的影响

分析结圈料可以知道，$CaO + Al_2O_3 + Fe_2O_3 + SiO_2$ 含量偏低，而 R_2O 和 SO_3 含量偏高。生料中的有害成分在熟料煅烧过程中先后分解、气化和挥发，在温度较低的窑尾凝聚黏附在生料颗粒表面，随生料一起入窑，容易在窑后部结成硫碱圈(硫酸盐生成物)。在入窑生料中，当 MgO 和 R_2O 都偏高时，R_2O 在 MgO 引起结圈过程中充当“媒介”作用形成镁碱圈。根据许多水泥厂的操作经验，当熟料中 MgO＞4.8%时，能使熟料液相量大量增加，液相黏度下降，熟料烧结范围变窄，窑皮增长，浮窑皮增厚。有的水泥厂虽然熟料中 MgO＜4.0%，但由于 R_2O 的助熔作用，使熟料在某一特定温度或在窑某一特定位置液相量陡然大量增加，黏度大幅度降低，迅速在该温度区域或窑某一位置黏结，形成熟料圈。

13.1.3 煤粉质量的影响

灰分高、细度粗、水分大的煤粉着火温度高，燃烧速度慢，黑火头长，容易产生不完会燃烧，煤灰沉落也相对比较集中，就容易结熟料圈。取样分析结圈料未燃尽煤粉较多就是例证。另外，喂煤量的不稳定，使窑内温度忽高忽低，也容易产生结圈。

13.1.4 一次风量和二次风温度的影响

三风道或四风道燃烧器内流风偏大，二次风温度又偏高，则煤粉一出喷嘴就着火，燃烧温度高、火焰集中，烧成带短，而且位置前移，容易产生窑口圈，也称前结圈。

13.2 前结圈

在正常煅烧条件下，物料温度达 1 350～1 450 ℃时，液相量约为 24%，黏度比较大。当熟料离开烧成带时，温度仍在 1 300 ℃以上，在烧成带和冷却带的交界外，熟料和窑皮有较大的温差。带有液相的高温熟料覆盖在温度相对较低的窑口窑皮上就会黏结形成前结圈。对于预分解窑来说，前结圈是不可避免的，只是高一点和矮一点的问题，尤其当窑操作员控制二次风温度过高、燃烧器内流风偏大和采用短焰急烧时，烧成带高温区更为集中，液相更多，黏度更小，熟料进入冷却带时，仍有大量液相在交界外迅速冷却。温差越大黏结越严重，前圈长得更快。另外，短焰急烧，熟料晶相生长发育差，易烧出大块熟料。但熟料中细粉比例也增加，冷却机返回窑的粉尘量大，这样更促进前圈的增长。

13.3 熟料圈

它结的位置是在烧成带与过渡带之间，是窑操作员最头疼，对窑危害最大的结圈 。在熟料煅烧过程中，当窑内物料温度达到 1 280 ℃时，其液相黏度较大，最容易形成熟料圈 。这时如果生料 KH、n 值较低，操作时窑内拉风又太大，火焰太长，烧成带后边浮窑皮逐渐增长、长厚，发展到一定程度就形成熟料圈。

13.4 熟料圈形成以后的现象

(1)火焰短而粗，火焰前部白亮但发浑，窑内气流不畅，火焰受阻伸不进窑内。窑前温度升高，窑筒体表面温度也升高。

(2)窑尾温度降低，窑尾负压明显上升。

(3)窑头负压降低，并频繁出现正压，发生倒烟现象。

(4)烧成带来料不均匀，波动大。

(5)窑传动电流负荷增加。

(6)结圈严重时窑尾密封圈出现漏料。

13.5 结圈的预防措施

13.5.1 选择适宜的配料方案，稳定入窑生料成分

一般说烧高 KH、高 n 的生料不易结圈，但熟料难烧，f－CaO

含量高,对保护窑皮和熟料质量不利;反之,熟料烧结范围窄,液相量多,熟料结粒粗,窑不好操作,易结圈。但生产经验告诉我们,烧较高 KH 和相对较低的 n,或较高的 n 和相对较低的 KH 的生料都比较好烧,又不容易结圈。因此,窑上经常出现结圈时,应改变熟料配料方案,适当提高 KH 或 n,减少熔剂矿物的含量对防止结圈有利。

13.5.2 减少原燃料带入的有害成分

一般黏土中碱含量高,煤中含硫量高。因此,如果窑上经常出现结圈时,视结圈料分析结果,最好能改变黏土或原煤的供货矿点,以减少有害成分对结圈的影响。

13.5.3 控制煤粉细度,确保煤粉充分燃烧

13.5.4 调整燃烧器控制好火焰形状

确保风、煤混合均匀并有一定的火焰长度。经常移动喷煤管,改变火点位置。

13.5.5 提高快转率

三个班统一操作方法, 稳定烧成系统的热工制度。在保持喂料喂煤均匀,加强物料预烧的基础上尽量加快窑速。采取薄料快转、长焰顺烧,提高快转率,这对防止回转窑结圈都是有利的。

13.5.6 确定一个经济合理的窑产量指标

通过一段时间的生产实践,每台回转窑都有自己特定的合理的经济指标。这就是回转窑在某高产量范围内能达到熟料优质,煤耗最低,运转率最高。所以回转窑产量不是越高越好。经验告诉我们,产量超过一定限度以后,不是由于系统抽风能力所限致使煤灰在窑尾大量沉降并产生还原气氛,就是由于拉大排风使窑内气流断面风速增加,火焰拉长,液相提前出现,这都容易形成熟料圈。

13.6 结圈的处理方法

不管是前结圈还是后结圈,处理结圈时一般都采用冷热交替法,尽量加大其温度差,使圈体受温度的变化而垮落。也有用水枪

打的，但前结圈一般十分坚固，后结圈离窑头太远，处理效果大多不理想。

13.6.1 前结圈的处理方法

前结圈不高时，一般对窑操作影响不大，不用处理。但当结圈太高时，既影响看火操作，又影响窑内通风及火焰形状。大块熟料长时间在窑内滚不出来，容易损伤烧成带窑皮，甚至磨蚀耐火砖。这时应将喷煤管往外拉，调整好用风和用煤量，及时处理。

(1)如果前圈离窑下料口比较远并在喷嘴口附近，则一般系统风、煤、料量可以不变，只要把喷煤管往外拉出一定距离，就可以把前圈烧垮。

(2)如果前圈离下料口比较近，并在喷嘴口前，则将喷嘴往里伸，使圈体温度下降而脱落。如果圈体不垮，则按以下两种方法处理：

①把喷煤管往外拉出，同时适当增加内流风和二次风温度，这样可以提高烧成温度，使烧成带前移，把火点落在圈位上。一般情况下，结圈可以在2～3 h内逐渐被烧掉。但在烧圈过程中应根据进入烧成带料量多少，及时增减用煤量和调整火焰长短，防止损伤窑皮或跑生料。

②如果用前一种方法无法把圈烧掉时，则把喷煤管向外拉出并把喷嘴对准圈体直接烧。待窑后预烧较差的物料进入烧成带后，火焰会缩得更短，前圈将被强火烧垮。但是必须指出，采用这种处理方法，由于喷煤管拉出过多，生料黑影较近，窑口温度很高，所以窑操作员必须在窑头勤观察，出现问题及时处理。

13.6.2 后结圈的处理方法

处理后结圈一般采用冷热交替法。处理较远的后圈则以冷为主。处理较近的后圈则以烧为主。

(1)当后圈离窑头较远时，这种圈的圈体一般不太坚固。这时应将喷煤管向外拉出，使烧成带位置前移，降低圈体的温度，圈体会由于温度的变化而逐渐自行垮落。

(2)当后圈离窑头较近时,这种圈体一般比较坚固。处理这种圈应将喷煤管尽量伸入窑内,并适当向上抬高一些,加大一点外流风和系统排风使火焰的高温区移向圈体位置。但排风不宜过大,以免降低火焰温度。约烧 3～4 h 左右后再将喷煤管向外拉出使圈体温度下降。这样反复处理,圈体受温度变化产生裂纹而垮落。

不过,从总体来说,烧圈尤其是烧后圈不是一件容易的事。有时圈体很牢固,烧圈时间过长容易烧坏窑皮及衬料或在过渡带结长厚窑皮进而在圈体后产生第二道后结圈。所以处理时一定要小心。

14 预热器系统堵塞的原因、预防措施和处理方法

14.1 预热器系统堵塞的原因

造成预热器系统堵塞的原因很多,也很复杂。它有工艺问题,原燃料质量和性能问题,操作人员的操作方法和责任心问题等。因此日常生产中要勤检查、勤记录,这样可通过对堵塞前兆进行分析研究,找出堵塞的原因,为以后生产中防止和处理堵塞提供重要依据。

14.1.1 系统局部高温造成结皮堵塞

由于喂料和喂煤量的不均匀,系统料量和煤量忽多忽少,或由于煤粉分散度不好,窑和分解炉内煤粉燃烧不完全跑到预热器内产生二次燃烧等因素都会造成预热器系统局部温度过高,使物料黏附在旋风筒壁面上而形成结皮;点火初期或开、停窑太频繁,煤粉在窑和分解炉内燃烧不完全,一部分跑到预热器内附着在旋风筒锥体或下料管壁面上,当温度升高时,煤粉着火燃烧形成局部高温;煤灰的掺入又能降低黏附温度,从而更容易形成结皮堵塞。

14.1.2 有害成分造成结皮堵塞

当原燃料中有害成分高时,大量的碱会从烧成带挥发进入气相与 Cl^- 和 SO_2 等发生反应随气流进入预热器系统,温度降低后以硫酸盐或氯化碱的形态冷凝在生料颗粒表面。它们通过多次挥发循

环和富集，含量将会成倍增加。而 KCl、NaCl、K_2SO_4 和 Na_2SO_4 的熔点温度较低，分别为 768 ℃、801 ℃、1 074 ℃和884 ℃。当它们混合在一起时，它们的共熔点将会更低。这些冷凝下来的物质黏附在预热器、分解炉和它们的连接管道内形成结皮。若处理不及时，继续循环黏附，将导致预热器系统的结皮堵塞。

14.1.3 系统漏风造成堵塞

预热器系统漏风有外漏风和内漏风两种形式。所谓外漏风是指周围大气在系统负压作用下，从排灰阀，下料管连接法兰等处漏入旋风筒。而当排灰阀烧坏变形或配重太轻时，下一级旋风筒进口管道内的气体直接经下料管通过排灰阀由锥体出料口进入旋风筒内，这样的漏风称为内漏风。

大家知道，旋风筒锥体内气体和生料的旋流随远离旋风筒进口而逐渐减弱的。尤其是锥体底部，气流的旋转半径小，离心力小，极易受上述两种形式漏风的干扰，使已经与气流分离的生料产生较大的逆向飞扬，降低旋风筒的收尘效率，增加系统的循环负荷。漏风严重时，锥体出料口处向上气流浮力较大，生料无法排放。当旋风筒内的生料达到足够量时，生料重力超过浮力，大股生料突然沉落而产生严重塌料。塌落的生料分散状态不好，很容易在旋风筒出料口、排灰阀，下料管等处造成堵塞。

14.1.4 机械故障造成堵塞

旋风筒、分解炉顶盖砖或浇注料镶砌不牢垮落；内筒或撒料板烧坏脱落；排灰阀不灵活或阀板烧坏变形卡死等机械故障都使排料不畅造成严重堵塞。

14.1.5 工艺设计不合理或耐火衬料砌筑不好造成堵塞

旋风筒进口水平管道过长、锥体或下料管角度过小以及耐火衬料砌筑不平整等都容易产生积料或使料流不畅，造成堵塞。

14.2 预热器系统堵塞时的现象

14.2.1 气体温度急剧上升

堵塞时悬浮在气流中的生料量大大减少，生料和热气体不能有效地进行热交换,整个系统的气体温度将会上升,尤其是它下面一级的旋风筒,由于没有生料进入,气体温度将会骤然上升。

14.2.2 气体压力不稳

将要发生堵塞的部位负压值忽高忽低很不稳定。堵塞后,该部位负压值为零,而堵塞部位以上的负压值则明显升高。

14.2.3 排灰阀被堵后阀杆停止摆动并有冒灰现象

14.3 防止堵塞的措施

(1)开窑点火前检查旋风筒、下料管道内是否有异物,确保内部衬料完好、牢固,排灰阀活动灵活、配重合适。

(2)严把原燃料质量关,确保入窑生料的均匀性,率值符合配料要求,煤粉细度和水分符合质量要求;煤粉要采用气力输送,不能用螺旋输送机直接喂入分解炉。

(3)操作人员要加强责任心,不断提高操作水平。

14.4 堵塞后的处理方法

(1)立即停料,分解炉止煤,大幅度降低窑速和用煤量。

(2)检查预热器系统温度和压力等操作记录,分析、判断异常数据,并立即赴现场观察,找出堵塞的部位。

(3)适当加大排风后打开清灰孔或入孔门进行试探性的检查和清理。在捅堵过程中,应有专人指挥,要避开捅堵口的正面位置,以免高温生料突然下塌冲出捅料口造成烧伤。捅堵时可利用压缩空气进行吹扫。完成捅堵后应关闭各处门、孔,利用旋风筒锥体的吹扫装置进行较长时间吹扫,清除剩余堆积或黏附内壁的生料。

(4)捅堵过程中,严禁在窑头、冷却机看火孔和其他冒灰的地方站立或检修,防止预热器堵料突然塌落伤人。

15 熟料中 f-CaO 高的主要原因

(1)生料成分的均匀性差

原料的预均化、配料电子皮带秤、出磨生料 X 荧光分析仪控制和生料的气力均化 4 个关键环节相互衔接，紧密配合，是预分解窑窑速快、产量高、质量好、热耗低的基本条件和前提。但生产线上工艺生产环节不配套或某些缺陷，致使入窑生料化学成分波动较大，容易造成生料率值的很大变化，使回转窑操作困难，熟料中 f－CaO含量就高。

(2)烧成温度的影响

熟料煅烧温度对f－CaO影响很大。在生料成分比较均匀，熟料率值相对稳定的情况下，较高的烧成温度，物料在烧成带又有足够的停留时间，则窑内物料的化学反应完全，熟料中 f－CaO 含量就低。假如烧成温度偏低，形成的液相量就少，液相黏度大，f－CaO 在液相中运动速度减慢，影响 $C_2S + CaO \longrightarrow C_3S$ 的反应速度，熟料中 f－CaO 含量就增加。因此要减少熟料中 f－CaO 的含量，必须适当提高熟料煅烧温度以避免熟料的欠烧。

(3)操作的影响

窑速慢并采用短焰急烧，这样由于窑内料层厚，高温带又短，物料预烧不好，熟料 f－CaO 就会比较高。

16　处理不正常窑况时的操作方法

16.1　窑尾温度偏高或偏低时的操作方法

窑尾温度是烧成系统的重要热工参数，也是窑操作员必须考虑的重要操作依据。影响窑尾温度的因素很多，有入窑生料分解率、窑内物料负荷率、窑头用煤量、煤粉质量、窑内通风和火焰形状等，不能简单地认为只是窑头加点煤或减点煤的问题。

如果窑尾温度偏高，预分解系统温度和压力基本正常，窑头用煤量也不少，但入窑生料 $CaCO_3$ 分解率偏低，窑产量上不去，则说明回转窑和分解炉用煤分配比例不当。这时，应适当开大三次风管阀门开度，缓慢加大分解炉用煤比例。由于系统总排风量不变，分解炉用煤量增加，分解炉出口直至 C_1 出口废气温度升高。当分解炉出口废气中 O_2 含量降低，CO 含量增加时，适当减少窑头用煤量。为了严防窑头跑生料,必要时可以加大系统排风。这样,虽然短时间内熟料烧成热耗会有所增加,却使窑炉用煤分配比例趋于合理,热工制度稳定和产、质量提高。

窑头、窑尾负压偏高,窑内通风量大,火焰太长,也会导致窑尾温度偏高、窑尾废气 O_2 含量增加。这时应适当开大三次风管阀门开度或关小窑尾缩口阀门。如果窑尾温度很高,C_1 出口废气温度也很高,但烧成带温度却很低,这时应减少系统喂料,停用分解炉并关闭三次风管阀门,窑头适量加煤,15 min 左右,不正常的热工制度即可改变。

至于窑尾温度偏低,通常是由于窑内通风不好引起的。其现象是窑头负压偏小,火焰偏短,窑尾 O_2 含量低。这时,如果再遇预热器系统塌料,窑尾温度将会更低,进一步恶化窑的操作,窑头加煤烧成温度上不去,反而增加废气中 CO 含量。如果系统排风和燃烧器外流风风量不小,窑内又没有结圈,则应适当关小三次风管阀门开度以加大窑内通风,同时增加窑头和减少分解炉用煤量。这样,窑尾温度将会很快恢复正常。

16.2 预热器系统塌料后的操作方法

如前所说,预分解窑喂料量达设计能力 80% 以上后塌料现象就很少出现。但由于操作不当,喂料量大起大落、预热器系统水平段太长时,塌料又是不可避免的。

当预分解系统出现较大塌料时,首先窑头应加煤,以提高烧成带温度,等待塌料的到来,当加煤不足以将来料烧成熟料,应及时降低窑速。严重时还应减料并适当减少分解炉用煤量,以确保窑内物料的烧成,以后随着烧成带温度的回升,慢慢增加窑速和喂煤、喂料量,使系统达到原有的正常运行状态。但当塌料量很少时,由于预分解窑窑速快,窑内物料负荷率小,一般不必采取任何措施,它对窑操作不会有大的影响。

16.3 窑内前圈或后圈脱落后的操作方法

窑内前圈或后圈可经冷热处理脱落,有时也会自行脱落。出现后一种情况，尤其是前圈的突然塌落，首先应大幅度地降低窑速，如从3.0 r/min降至1.5 r/min。因为圈后一般都积存大量熟料，不减窑速将会把冷却机压死，而且烧成带后面的物料或后圈后面的生料前窜容易出现跑生料；

冷却机操作由自动打到手动。开大一室高压风机风量使大块熟料淬冷、破裂。否则红热的熟料进入冷却机中后部，将会使冷却机废气温度超高；

适当加快篦板篦速，把圈料尽快往后运以减轻一室篦板的负载。与此同时，开大后面几台冷却风机的风量以降低出冷却机的熟料温度；

在开大熟料冷却风机风量的同时，相应开大冷却机废气风机的排风量，并随时调节风量使窑头始终保持微负压；

当一室篦下压力开始下降时，减少一室高压风机风量以免窑头出现正压和把大量细熟料粉吹回窑内影响窑头看火，加快新的前圈的形成；

大块圈料快入熟料破碎机时，应降低冷却机尾部篦板篦速以防熟料破碎机过载以致损坏锤头。

16.4 窑头粉料太多看不清窑内状况，想观察熟料结粒和窑皮等情况时的操作方法

将冷却机一室1、2号高压风机阀门适当关小，以减少熟料细粉的飞扬，即可观察到接近实际的熟料温度、熟料结粒和窑皮好坏情况。观察完后应立即将上述风机阀门开度恢复到原来的位置。

16.5 烧成带物料过烧时的操作方法

物料过烧的现象是熟料颜色白亮，物料发黏、“出汗”成面团状，物料被带起高度比较高；物料烧熔的部位，窑皮甚至耐火砖磨蚀；窑电动机电流较高。出现这种情况应及时采取如下措施：

(1)窑头大幅度减煤并适当提高窑速，使后面温度较低的物料尽快进入烧成带，以缓解过烧。但操作员应在窑头注意观察，以免

出现跑生料。

(2)检查生料化学成分,是否 Fe_2O_3 含量太高,KH、n 值太低。

(3)掌握合适的烧成温度,勤看火勤调节。

17 根据窑驱动电流操作回转窑的几点体会

许多现代化的水泥厂,中控室离窑头都有相当长的一段距离。一般情况下,窑操作员离开操作台到窑头去看火,都是为了了解并解决在中控室不清楚的疑难问题。正常操作时,窑操作员完全可以根据窑驱动电流大小的变化来操作回转窑。因为窑头燃煤用量多了还是少了,窑内温度高了还是低了,还有结圈的形成、窑皮的长短和垮落情况都能在中控室 CRT 窑驱动电流参数趋势图或自动记录纸上显示出来。

下面介绍笔者操作二条 3 200 t/d 预分解窑时总结的几点体会。

17.1 加料期间的操作方法

如前所说,加料期间必须特别注意系统风、煤、料和窑速之间的合理匹配。操作原则是先提风后加煤,先提窑速再加料。在这个前提下,窑驱动电流的变化主要体现在喂料量和窑速之间的相互关系。

停窑期间,水泥厂一般对窑内结圈、结蛋或长厚窑皮都做了认真检查和清理。窑经预热升温,准备开始喂料前又已经连续运转一段时间。所以这时的窑驱动电流一般都非常平稳,中控窑 CRT 上显示的电流趋势图几乎成一直线。开始喂料后,加料和提窑速的依据是窑驱动电流缓慢上升,表明窑内料量增加使回转窑扭矩加大。待窑驱动电流曲线趋于平稳如——↗所示,这时应适当提高窑速。窑速加快,窑内物料负荷率下降,窑扭矩减小,传动电流曲线向下并慢慢趋于平稳,如——↘所示。这时应适当增加喂料量,窑传动电流又开始上升。这样周而复始,喂料量越来越大,窑速也越来越快。喂料量在设计值80%以下时,每次加料幅度为设计值的5%左右,喂料量达80%以上时,每次加料幅度为设计值的2%左右。加料期间窑速应与喂料量同步偏高掌握。即:窑速=$\frac{\text{实际喂料量}\times 3.0}{\text{设计产量生料量}}$(单位为:r/min),再适当加快一点。每次提窑速的幅度为:窑速在2.0 r/min以下时,每次提0.2 r/min;窑速在2.0 r/min以上时,每次增加0.1 r/min。这样,一般不会出现跑生料。窑在电流平直正常状态下运行时,倘若电流突然显著下降,则应适当降低窑速,待电流平稳并回升后再提窑速和加料。

17.2 正常操作时窑驱动电流大小变化的几个实例

(1)窑驱动电流由平直向上升高,如——/所示,表示窑内料量增大或窑内温度升高。区分的方法是根据当时窑喂料量和系统总用煤量计算当时的热耗。假如热耗不高,则说明是窑皮长厚或小股塌料所致。只要系统喂料量是稳定的,注意观察不必变动窑速;假如热耗偏高,则适当加点料或窑头减点煤,窑内温度很快会恢复正常,窑传动电流也趋于平直。

(2)窑驱动电流由平直突然向上升高后,慢慢下降,又趋于平直,如—/\—所示,表示窑内厚窑皮或结圈均匀垮落,而且量比较大。掉下的窑皮或结圈料随窑旋转被带起,窑转动扭矩加大,所以窑驱动电流突然升高。但随着窑的转动,垮落的物料逐渐分散,所以电流又慢慢下降趋于平稳。出现这种情况属正常现象,但应注意窑筒体表面温度,严防局部高温,尤其窑衬较薄时容易出现红窑。

(3)窑驱动电流由平直突然下降后又缓慢降低,如—_—所示,表示窑口圈垮落,掉入冷却机内了。出现这种情况,对窑而言,应大幅度地降低窑速,以免圈后物料前窜,出现跑生料;对冷却机,主要应加快篦速,防止一室篦板过载,加大一室然后是二室的用风量,使大块圈料迅速淬冷、破裂。圈料快到熟料破碎机时应降低篦速,使剩余大块熟料平稳、安全地通过破碎机。

(4)窑驱动电流由平直向下,如——\所示,表示窑内物料负荷率降低或窑内温度下降,致使窑扭矩减少。这时应检查窑速是否太快或喂煤量是否与喂料量相适应,并计算烧成热耗后再采取相应措施。

(5)窑驱动电流经较大波动后慢慢趋于平直,如所示,表示窑内半边或局部结圈或厚窑皮,致使窑转动不平稳,电流波动大,后来圈或厚窑皮又长全了,所以电流又趋于平稳。

(6)窑驱动电流经较大波动后突然升高再慢慢下降,并趋于平直,如所示。其中 a 段表示窑内结了半边圈或局部结厚窑皮,致使窑传动不平稳,所以电流值波动很大。b 段表示结的圈或厚窑皮垮落,而且料量很大,窑旋转时将这部分物料提到一定高度再滑落,需要耗费较大能量,所以传动电流突然升高。c 段表示掉下来的这部分物料又逐渐分散,所以窑传动电流慢慢下降并趋于平稳。

18 预分解窑操作中常见的几个问题和产生问题的原因

18.1 窑尾和预分解系统温度偏高

(1)核查是否生料 KH、n 值偏高,熔融相(AL_2O_3 和 Fe_2O_3)含量偏低;生料中是否 f - SiO_2 比较高和生料细度偏粗。如若干项情况属实,则由于生料易烧性差,熟料难烧结,上述温度偏高属正常现象。但应注意极限温度和窑尾 O_2 含量的控制。

(2)窑内通风不好,窑尾空气过剩系数控制偏低,系统漏风产生二次燃烧。

(3)排灰阀配重太轻或因为怕堵塞,窑尾岗位工把排灰阀阀杆吊起来,致使旋风筒收尘效率降低,物料循环量增加,预分解系统温度升高。

(4)供料不足或来料不均匀。

(5)旋风筒堵塞使系统温度升高。

(6)燃烧器外流风太大、火焰太长,致使窑尾温度偏高。

(7)烧成带温度太低,煤粉后燃。

(8)窑尾负压太高,窑内抽力太大,高温带后移。

18.2 窑尾和预分解系统温度偏低

(1)对于一定的喂料量来说,用煤量偏少。

(2)排灰阀工作不灵活,局部堆料或塌料。由于物料分散不好,热交换差,致使预热器 C_1 出口温度升高,但窑尾温度下降。

(3)预热器系统漏风,增加了废气量和烧成热耗,废气温度下降。

18.3 烧成带温度太低

(1)风、煤、料配合不好。对于一定喂料量,热耗控制偏低或火焰太长,高温带不集中。

(2)在一定的燃烧条件下,窑速太快。

(3)预热器系统的塌料以及温度低、分解率低的生料窜入窑前。

(4)窑尾来料多或垮窑皮时,用煤量没有及时增加。

(5)在窑内通风不良的情况下,又增加窑头用煤量,结果窑尾温度升高,烧成带温度反而下降。

(6)冷却机一室篦板上的熟料料层太薄,二次风温度太低。

18.4 烧成带温度太高

(1)来料少而用煤量没有及时减少。

(2)燃烧器内流风太大,致使火焰太短,高温带太集中。

(3)二次风温度太高,黑火头短,火点位置前移。

18.5 二次风温度太高

(1)火焰太散,粗粒煤粉掺入熟料,入冷却机后继续燃烧。

(2)熟料结粒太细致使料层阻力增加,二次风量减少,风温升高;大量细粒熟料随二次风一起返回窑内。

(3)熟料结粒良好,但冷却机一室料层太厚。

(4)火焰太短,高温带前移,出窑熟料温度太高。

(5)垮窑皮、垮前圈或后圈,使某段时间出窑熟料量增加。

18.6 冷却机废气温度太高

(1)冷却机篦板运行速度太快,熟料没有充分冷却就进入冷却机中部或后部。

(2)熟料冷却风量不足,出冷却机熟料温度高,废气温度自然升高。

(3)熟料层阻力太大(料层太厚或熟料颗粒细)或料层太容易穿透(料层太薄或熟料颗粒太粗),这样熟料冷却不好,出口废气温度升高。

18.7　二次风温度太低

(1)喷嘴内伸,火焰又较长,窑内有一定长度的冷却带。

(2)冷却机一室料层太薄(料层薄回收热量少,温度低)。

(3)冷却机一室高压风机风量太大。

(4)篦板上熟料分布不均匀,冷却风短路,没有起到冷却作用。

18.8　烧成带物料过烧

(1)用煤量太多,烧成温度太高。

(2)熟料 KH 和 n 偏低,AL_2O_3、Fe_2O_3 含量偏高。

(3)生料均化不好,化学成分波动太大或者生料细度太细致使物料太容易烧结。

(4)窑灰直接入窑时,瞬间掺入比例太大。

18.9　预热器负压太高

(1)气体管道、旋风筒入口通道及窑尾烟室产生结皮或堆料,则在其后负压升高。

(2)篦板上料层太厚或前结圈较高使二次风入窑风量下降,但窑尾高温风机排风量保持不变,系统负压上升。

(3)窑内结圈或结长厚窑皮,则在其后负压增大。

18.10　窑头回火

(1)冷却机废气风机阀门开度太大。

(2)熟料冷却风机出故障或料层太致密,阻力太大,致使冷却风量减少。在冷却机废气风机开度不变的情况下,必将从窑内争风。

(3)窑尾捅灰孔、观察孔突然打开,系统抽力减少。

(4)窑内结圈,系统阻力增加,窑头负压减小甚至出现正压。

18.11 结窑口圈

（1）二次风温长期偏高，煤粉燃烧速度太快，火焰太集中。

（2）烧成带温度太高，物料过烧。

（3）熟料颗粒太细，粉料较多，冷却机一室高压风机阀门开度太大，大量粉料返回窑内。

18.12 后结圈

（1）生料均匀性较差，化学成分波动较大，熔融相出现显著变化。

（2）生料 KH 或 n 值偏低，煅烧火焰又太长。

（3）煤粉偏粗或燃烧空气不足产生还原气氛，使 $Fe_2O_3 \rightarrow FeO$，液相提前出现。

（4）煤、风混合不好，煤灰集中沉降。

18.13 预热器系统塌料

（1）窑产量偏低，处于塌料危险区。

（2）喂料量忽多忽少，不稳定。

（3）旋风筒设计结构不合理，旋风筒进口水平段太长，涡壳底部倾角太小，容易积料。

（4）旋风筒锥体出料口、排灰阀和下料管等处密封不好，漏风严重。

18.14 跑生料

（1）对于一定生料喂料量，用煤量偏少，热耗控制偏低，煅烧温度不够。

（2）结圈或大量窑皮垮落，来料量突然增大，而操作员不知道或没注意，用煤量和窑速没有及时调节或判断有误。

（3）分解炉用煤量偏小，入窑生料分解率偏低，窑用煤量较多但窑内通风不好，烧成带温度提不起来。

（4）回转窑产量在偏低范围内运行，致使预热器系统塌料频繁发生。

18.15 窑头或冷却机回窑熟料粉尘量太大

（1）烧成带温度偏低，熟料烧成不好，f - CaO 含量高。

(2)回转窑 L/D 值偏大，入窑生料 $CaCO_3$ 分解率又控制太高，使新生态 CaO 和 C_2S 在较长的过渡带内产生结晶，活性降低，形成 C_3S 较为困难，容易产生飞砂料。

(3) n 太高，液相量偏少，熟料烧结困难，也容易产生飞砂料。

(4)窑头跑生料。

(5)冷却机一室高压风机风量太大。

(6)大量窑皮垮落，而这种窑皮又比较疏松。

18.16　火焰太长

(1)燃烧器外流风太大，内流风太小，风煤混合不好。

(2)二次风温偏低。

(3)系统排风过大，火焰被拉长。

(4)煤粉挥发分低、灰分高、热值低；或煤粉细度太粗、水分高，煤粉不易着火燃烧，黑火头长。

18.17　火焰太短

(1)窑头负压偏小，甚至出现正压。

(2)二次风温度高，煤粉燃烧速度快。

(3)窑内结圈、结厚窑皮，或预热器系统结皮堵塞。

(4)燃烧器内流风太大，外流风太小。

(5)煤粉质量好，着火点低，燃烧速度快。这种情况下，细度可以适当放宽。

18.18　窑尾或 C_5 出口 CO 含量偏高

(1)系统排风不足，控制过剩空气系数偏小。

(2)煤粉细度粗，水分高，燃烧速度慢。

(3)燃烧器内流风偏小，煤风混合不好。

(4)二次风温或烧成带温度偏低，煤粉燃烧不好。

(5)预热器系统捅灰孔、观察孔打开时间太长，或关闭不严造成系统抽力不够。

(6)系统漏风严重。这时如果高温风机能力本来就偏小，对烧成系统的影响就更大。

18.19　熟料易结大块，立升重偏高

（1）熟料 KH 和 n 值低，熔融相尤其是 Fe_2O_3 含量太高。

（2）火焰太短，烧成温度太高，物料被烧流。

（3）对于当时实际煅烧情况，控制窑速太慢。

（4）用煤量多，控制热耗偏高。

18.20　熟料吃火，结粒差

（1）熟料 KH 和 n 值太高，熔融相太少。

（2）生料细度太粗，预烧差，化学反应慢。

（3）火焰太长，高温区不集中，烧成温度偏低。

（4）窑速太快，物料在窑内停留时间太短。

18.21　窑驱动电动机电流偏大

（1）窑速太低，窑内物料填充率高。

（2）窑用煤粉比例偏大或控制热耗太高。烧成带温度太高，使窑转动扭矩增加。

（3）烧成带物料过烧或生料 KH、n 值低，熔剂矿物含量高，生料容易发黏，窑内物料带得高，能耗大。

（4）窑内结圈，窑内物料量增加。主要是：①圈体本身增加驱动载荷；②结圈后，窑内堆积的物料量增加。圈越高窑内积料越多。

（5）窑内大量垮窑皮，这可使窑驱动电流急剧上升，并有较大波动，然后又较快下降。

（6）窑传动齿轮和小齿轮之间润滑不好，使传动阻力增加。

（7）轮带和托轮之间接触不好。

（8）窑尾末端与下料斜坡太近，运行中产生摩擦。

（9）窑头、窑尾密封装置活动件与不活动件接触不好，增加阻力。

18.22　窑驱动电动机电流偏小

（1）烧成带温度偏低。

（2）窑产量较低，但窑速较快，窑负载轻。

(3)烧成带窑皮较薄,而且比较平整。

18.23 冷却机拉链机过载停机

(1)熟料颗粒太细,大量细颗粒熟料通过篦缝进入拉链机。

(2)冷却机篦板损坏,熟料漏入料斗进入拉链机。

附文 2

煤粉计量中的锁风问题

前言：

水泥工业中的煤粉计量环节之后，是煤粉的气力输送。由于气力输送过程中风压的波动往往影响了煤粉计量，因而也使水泥行业中煤粉的计量，有别于一般的粉状物料计量。水泥行业通常用锁风的办法，即采用一定的工艺设备或一定的工艺环节，隔离输送环节与计量环节的风压影响，以保持粉状物料流量计量的稳定。但部分生产线由于设备或工艺并不十分合理，造成了锁风的失败，连带导致煤粉计量的失败。本文就水泥计量和输送中的锁风问题，分析如下：

一、煤粉的计量输送过程

如图所示，这是一个比较典型的煤粉计量输送系统的流程图。由于煤粉输送过程中，管道的阻力，竖直管道上物料势能的提高，管道弯头的压力损失，喷煤管的压力损失以及煤粉分送几个用煤点时，人为增加阻力，以保持几个供煤点的阻力的平衡，使得罗茨风机的出口阻力往往达到 30～50 kPa。在这样高的压力条件下，锁风设备锁风能力如不过关，往往造成设备的穿透，大量的一定压力的空气作用在计量系统的出口，大大影响计量设备的稳定。为此，通常在工艺线计量系统的进出口，设置有排

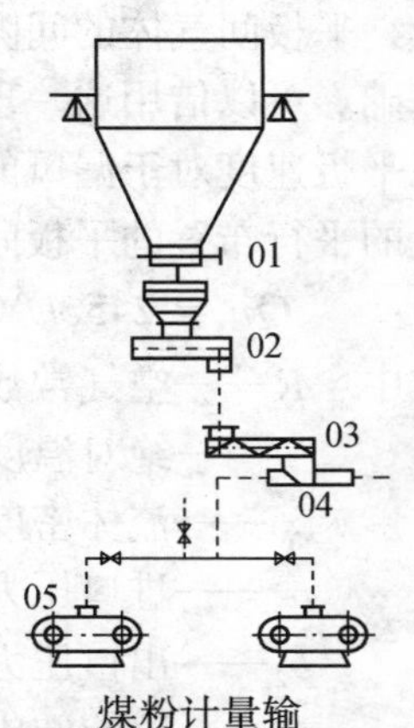

煤粉计量输送系统流程图

01—螺旋阀门；02—计量控制装置； 03—锁风装置；04—混合室；05—罗茨风机

风管。通过泄压，使计量系统的上下料口处于基本平衡的风压条件下，从而保持了计量系统的正常工作状态。相当数量的系统因锁风状态并不十分完好，需要排除的风量很大，往往因为收尘器工作状态的变化（正常的收尘状态和反吹风的状态等）造成计量系统的波动。而且即使锁风设备的功能良好，有效的隔离了漏风的影响，也因 0.5～10 kPa 左右的风压（取决于煤粉管道的长度高度，弯头个数和转弯半径等参数，也取决于管道中是否设置了旨在降低锁风设备出口风压的喷射管）下锁风设备传动轴密封作用的失效，或因风的泄漏带来煤粉对于环境的严重污染，或因携带煤粉的风泄漏进锁风设备的轴承腔，而导致轴承的早期损坏。锁风装置密封状况的恶化，往往导致计量系统的正常工作状况的破坏。因此必须对原有的煤粉计量和输送系统在设备和工艺上考虑更为完善的方案。

二、平行平板中气体的间隙流动

平板间气体的间隙流动是研究设备密封中的漏风现象的理论基础。可以借用这一理论，分析锁风系统的漏风问题。如果不考虑平板速度对于漏风的影响，根据伯努利方程，通常两块相隔很近的平行布置的平板间的漏风量可由下式计算出：

$$Qv = 245bh^3(p_1^2 - p_2^2)/\mu\rho RTL \qquad (\mathrm{L/min})$$

式中 R——空气常数，N·M/（kg·K）；

T——绝对温度，K°；

ρ——流体密度，kg/cm³；

p_1——进口压力，bar；

p_2——出口压力，bar；

b——缝隙宽度，cm；

h——缝隙厚度，cm；

L——缝隙长度，cm；

μ——动力黏度，p。

这个表达式清楚地反映出：除了一些不可改变的影响因素外，泄漏的空气量与平板间的缝隙的宽度的一次幂与缝隙的高度的三次幂，与空气压力的二次幂成正比，而与缝隙的长度的一次幂成反比。如何在工艺设计中，优化这几个参数，对于锁风系统的设备选择和设计有着重要意义。这一表达式在具体应用时，对于叶轮给料机和螺旋输送机等，由于形式和规格和参数上的差异，表达式的部分形式和参数会产生变化。如对于刚性叶轮给料机而言，如缝隙的长度 L 可以表现为给料机各个叶片厚度的累计，缝隙的宽度 b 表现为给料机的宽度，缝隙的厚度 h，表现为刚性叶轮给料机的叶片与壳体之间的间隙。但无论是何种设备，漏风量与风压差之间，与设备形式和参数之间的基本的函数关系业已确定，这些是我们设计或选择锁风设备，确定锁风设备参数的主要原则，也是我们确定锁风工艺系统的基本原则。在设计和加工时，对于以上参数，应在价格和加工可以接受的条件下，尽量予以优化。粉研公司在原有的一级叶轮给料机的锁风系统满足不了有的生产线的锁风要求后，将用于锁风的叶轮给料机改为两个叶轮给料机串联的锁风系统，并在两个叶轮给料机之间，加设了第一级锁风设备的漏风泻压系统。这实际上是以上理论的一个应用实例。

三、机械锁风设备的优选

水泥工业中煤粉计量系统采用锁风的设备通常有刚性（弹性）叶轮给料机、螺旋泵和溢流螺旋输送机。

1. 叶轮给料机

叶轮给料机是一个连续给料装置中最简单的设备。采用刚性叶轮给料机，由于轴承的游隙，轴叶片和壳体的加工误差，使刚性叶轮给料机壳体与叶片之间的间隙通常在 0.5～1 mm，超出这一界限往往造成不可容忍的空气泄漏，导致计量系统正常状态的破坏。为了加强密封而采用弹性叶轮给料机，但除非采用特殊的密封材料（可以随着磨损而得到补偿），否则随着叶片和壳体的磨损，叶片与壳体之间的间隙将日渐变大，最终导致空气的大量泄漏，造成计量系统状态的恶化。八十年代初期进口的水泥成套设备配置的刚性叶轮给料机，在设备现场总是放置一台备用的刚性叶轮给料机，任何一次短暂的停窑，就会以抢修的速度，更换刚性叶轮给料机。然后就是重新维修，减小间隙，再将设备运至生产设备旁边备用，准备第二次抢修。因此只有在锁风装置进出料口的压差比较小的条件下，也就是锁风装置的出料口的压力不超过 500 Pa 时，才能考虑叶轮给料机的使用。在叶轮给料机的应用上，要保证在连续运转过程中，有较小的叶片与壳体的间隙(径向间隙和端面间隙，减小 h)，要适当增加叶片数量和采用端面封闭的叶轮，以及在不影响煤粉的进入和卸出时，加大叶片端部的宽度（加大 L）。对于采用密封材料的叶轮给料机，应采用调整装置，使密封材料磨损后，得以及时的补偿。

2．螺旋泵

螺旋泵和引进技术生产的富勒泵均属于依靠在出料口处增加阻尼，减缓粉体物料的流速，从而在输送机的叶片中形成一段料封的方式，实现螺旋泵进出料口空气的隔离。从原理上讲，螺旋泵应该有很强的锁风能力，但在煤粉计量系统中实际使用中并不理想。主要存在以下问题：1）由于螺旋泵出口阀板的密封状况并不理想，而且随着阀板和阀板座的磨损，密封状况进一步恶化，对于煤粉这种流动性极好的物料，在料封没有形成之前，已经形成气流的“短路”，而且“短路”一旦形成，料封也就很难再形成了。2）工艺设计选型不当，螺旋泵的能力远远大于计量系统的流量。使料封难于形成。由于以上原因，在出料口处风压过大的条件下，在螺旋泵内很难形成有效的料封，使锁风归于失败。在煤粉计量系统中采用这种设备，根据出料口风压的大小，有成功的；但，也有一定数量因没有形成有效的锁风，使煤粉的计量系统在较高风压的影响下，出现了振荡，甚至因风压过大，造成煤粉仓供煤的中断。

3．溢流螺旋输送机

溢流螺旋输送机是中国建筑材料科学研究院在研究开发窑外分解技术过程中，为了解决粉状物料气力输送系统中的锁风输送流程的专用设备。由于在溢流螺旋输送机中粉状物料是从端部上翻后卸出（或由水平方向顶出来）的，卸出口的翻板阀的打开，总是要依靠后续物料的挤压和推动而完成的，是在煤粉进入管道稳定的料柱之后，在煤粉进入气力输送管道而导致管道和锁风设备出口压力上升之前。因此输送机内总是稳定地保持着一个料柱，形成有效的料封。这一料封的稳定性不因设备的输送能力和实际流量是否匹配而改变，也不会因螺旋叶片的磨损而降低，因而锁风的可靠性比较高。在早期的设备中，对于轴端的密封设计还不够完善，导致了粉体的溢出和轴端轴承的污染。在进一步的改进设计中，这种溢流螺旋输送机的出料端的轴承密封进一步的改进，将会使锁风的可靠性和设备的可靠性进一步提高。

4．喷射泵的研制和应用

中国建筑材料科学研究院在研究开发溢流螺旋输送机的同时，另一个研究项目从努力降低锁风设备出料口的风压入手，从另一个角度，迂回攻关。这项试验从文丘里管的原理入手，经过试验和测试，优选参数，研制出系列喷射泵和与之相关的设计软件。采

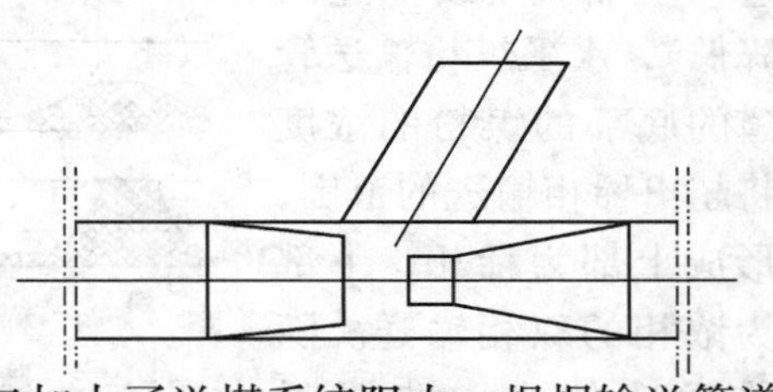

用喷射泵虽然由于设置喷口加大了送煤系统阻力，根据输送管道的阻力和风机压力的情况，缩口阻力损失通常可设计为10～15 kPa，但它的应用大大降低了锁风设备出料口的压力。降低了对于锁风设备的锁风能力的要求，从另一个角度策应了入窑煤粉计量的成功。喷射泵缩口的断面应保证其风速为3~6倍的管道输

送风速，其延轴向应能进行必要的调节，以使输送锁风装置的出料口的负压值可在一定范围内进行优选。

四、输送管道系统对于锁风的影响

由于我们现在所采用的锁风装置还不能完全解决高压风对于计量系统的计量和正常输送的干扰问题，因此管道系统的设计是否合理，是否有超出锁风装置能力的高风压作用在锁风装置的出料口，对于计量系统的锁风有着重要的影响。一旦由于过高的风压影响了计量和正常的输送，人们往往埋怨计量或锁风系统，而没有从系统中找原因，使管道系统趋向合理。

1. 气力输送的几种状态

与粉状物料的垂直气力输送不同，煤粉输送管道中，由于有相当长度的水平管道，水平管道内粉状物料的浓度在垂直方向上的差异，使煤粉管道的气力输送有所不同。水平气力输送依照煤粉的浓度大致可以分为：稀相输送（又称为稳流输送）和双相输送。随着煤粉浓度的进一步加大（或风速的降低），水平煤粉输送管道的底部的煤粉的浓度将超出稀相输送的范围，形成上部为稀相，下部为浓相的双相输送。随着风速的进一步降低（或煤粉浓度的进一步加大），水平输送管道下部将出现断续的煤粉沉积，气体的阻力出现一定程度的振荡，输送将进而演变成脉冲输送和塞流输送，在这两种状态下，气体阻力将大幅度增加，并出现较大幅度的振荡。由于这已经属于高压气体输送的范围，

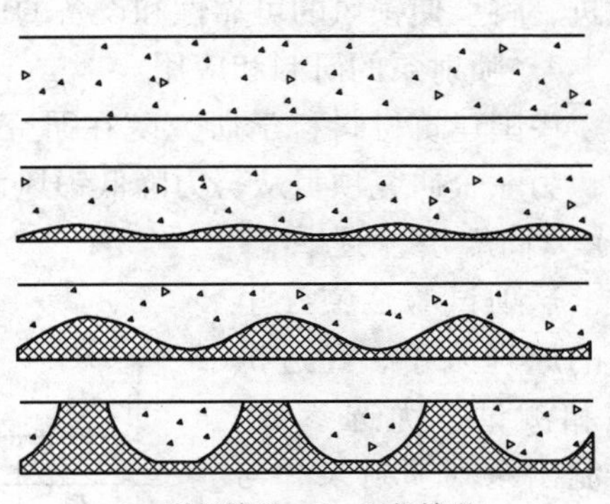

1. 稀相输送；2. 双相输送；
3. 脉冲输送；4. 塞流输送

气体阻力的振荡之大，已经超出了煤粉输送对于稳定性的工艺要求，这里不予讨论。我们在具体实施中应考虑的是避免这种状态出现，煤粉的输送应维持在稀相输送和双相输送的范围内。为保证这一输送状态，各个公司依据自已的试验，参数上略有出入，但基本趋近于煤粉质量与输送空气的质量的比应不大于2.5∶1，管道的风速应为25～30 m/s。在输送系统的设计过程中，应考虑海拔等对于空气密度的影响。在稀相输送阶段，煤粉管道的压降比较低，输送系统也比较稳定，但风料比较高，输送不十分经济。双相输送较稀相输送经济，风料比较低。因而在生产中，总是在稀相和双相输送的范围内，追求较低的风料比。但对于较长的水平输送的煤粉管道而言，在阻力增加，在部分管道工况风速降低的状况下，会产生煤粉的沉积。此时一旦煤粉计量系统在瞬时间有较多的煤粉注入输送系统，系统将转变为脉冲输送，在脉冲输送状态下，管道系统阻力将快速上升，并呈现一定幅度的振荡状态，如果风机的压头不足以克服阻力，输送能力将直线下降，甚至造成输送管道一定程度的堵塞。而且这种加大并振荡的气体阻力，将使锁风设备的出口，出现较高的正压，加大锁风设备的压力，甚至导致计量系统计量的紊乱，严重时输送管道堵塞，“气体反吹”，以至于干扰了计量系统正常的下料。从控制的稳定性和可靠性出发，煤粉的输送应该介于稀相和双相输送之间，以兼顾输送的可靠性和经济性。

2．管道系统对于输送浓度状态的影响

管道系统对于输送状态的影响并不仅仅是管道公称直径。某一段管道里煤粉的输送状态取决于这一段管道内的工况风速（不是标态风速）。工况风速较高时，煤粉浓度较稀。由于管道各处的静压不同，从整个煤粉的输送管道看，工况风速是有差别的。在气力输送管道的出口，工况风速最高；而在煤粉入口处，管道工况风速最低。要有效地控制煤粉的输送状态，应该优选工况风速值，使煤粉入口处，保持必要的工况风速，使输送维持在稀相与双相输送状态之间的临界状态。当然，在实际操作时，为了保持控制的稳定性和抗干扰能力，应将实际浓度控制在稍低于临界状态的程度。在生产线的实际操作时，当然不必学究式的顾及到状态的细微变化，但我们在输送水平管道距离长，弯道多的条件下，就应注意由于静压变化给工况风速带来的影响：

1）选择合适的输送管道的管径，在保证输送前提下，应尽量减少管道的弯头个数，管道的曲率半径如有可能，应尽量加大，最大限度的降低管道阻力。

2）煤粉输送的风料比不应是一成不变的常数。在管道输送的阻力较大的前提下，由于煤粉入口处工况风速下降，浓度提高，同时罗茨风机的机内的泄露也有所提高。因此对于输送管道阻力较大时，除提高罗茨风机风压外，应适当提高罗茨风机的输出风量，其修正系数应该为1.1上下。从而降低输送的风料比。

3）对于高海拔地区，应对通常低海拔地区采用的每立方米空气输送多少公斤煤粉的概念，根据空气密度的变化，做出修正。

3．分风问题的影响

随着分解炉的大型化，分解炉的多点进煤的要求，给气力输送系统的管道带来了新的问题。为了平衡各个分管道之间不同的管道阻力，各个分管道上设置的阀门应精心调整，在各个分风道的阻力尽可能平衡的前提下，应努力使管道系统的总阻力为最低。但要使各分管道处于基本相同的输送状态，并非易事。实际操作中结果往往是有的分管道处于双相甚至脉冲输送状态，而另一分管道则处于大大高于必要风速的稀相输送状态，而整个管道系统的阻力则高于理想的、状态划一的计算值，所需风量也将有所提高。在锁风装置的出口造成了很高的风压。从而给煤粉的锁风装置和计量系统的稳定运转，造成了很大的压力。因此，对于两个以上的供煤点，为了保证各个管道畅通的基本相似的输送状态，除需提高罗茨风机的风压，使其超出计算值约10～20％外，风量也需适当加大，其不均匀修正系数应约为1.2～1.3。

五、优选的煤粉计量系统的锁风系统

如下图所示，采用螺旋泵或溢流螺旋输送机和喷射泵组成锁风系统，同时在溢流螺旋输送机的入口处（设备的出口处）和计量设备的进口处分别设置通风管道，并以阀门与收尘设备相连。这样既将计量设备的出口风压降低至零压或微正压，又平衡了计量设备的进出料口的风压，从而确保了计量设备工作状态的稳定。使煤粉的计量控制系统的工作保持稳定。

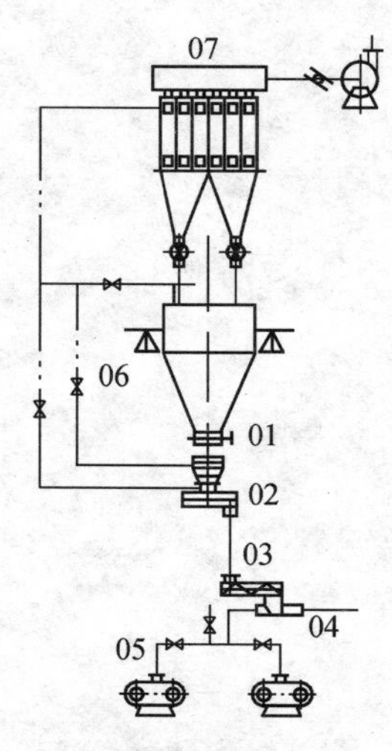

煤粉计量输送系统

图中：01 -螺旋阀门；02—计量控制系统；03—螺旋泵或溢流螺旋输送机；04—喷射泵；05—罗茨风机；06—手动调节阀；07 -收尘器